我的 Python 世界（修订版）

玩《Minecraft 我的世界》学 Python 编程

程晨 著

人民邮电出版社
北京

图书在版编目（CIP）数据

我的Python世界 : 玩《Minecraft我的世界》学Python编程 / 程晨著. -- 2版（修订版）. -- 北京 : 人民邮电出版社, 2023.12
（i创客）
ISBN 978-7-115-60397-5

Ⅰ. ①我… Ⅱ. ①程… Ⅲ. ①软件工具－程序设计 Ⅳ. ①TP311.561

中国版本图书馆CIP数据核字(2022)第211915号

内容提要

Python 是一种解释型、面向对象并使用动态数据类型的高级程序设计语言，它具有丰富和强大的库，能够把用其他语言（尤其是 C/C++）制作的各种模块很轻松地联结在一起。这两年，随着人们对人工智能的关注越来越多，大家学习 Python 的热情也日益高涨。Python 在 IEEE 发布的 2017 年编程语言排行榜中高居首位。

本书介绍了 Python 编程的基础知识，并以游戏《Minecraft 我的世界》为载体，通过 Python 编程来与游戏中的玩家或方块互动，先后实现了“剑球”游戏、五子棋游戏以及像素图像扫描仪这几个项目，最后还实现了通过游戏控制 Arduino 等外部设备的功能。希望大家能在玩游戏的过程中轻松地进入 Python 的世界，最终跨越软硬件的鸿沟，初步尝试自动化控制。

本书提供边玩游戏边学编程的全新体验，适合对 Python 编程感兴趣的读者阅读。游戏不再只是用来玩的，你将同时体验超级玩家、设计师和程序员的角色。

◆ 著　　　　程　晨
　责任编辑　周　明
　责任印制　马振武
◆ 人民邮电出版社出版发行　　北京市丰台区成寿寺路 11 号
　邮编　100164　　电子邮件　315@ptpress.com.cn
　网址　https://www.ptpress.com.cn
　三河市君旺印务有限公司印刷
◆ 开本：700×1000　1/16
　印张：11.5　　　　2023 年 12 月第 2 版
　字数：250 千字　　2024 年 12 月河北第 4 次印刷

定价：69.80 元

读者服务热线：(010) 53913866　印装质量热线：(010) 81055316
反盗版热线：(010) 81055315
广告经营许可证：京东市监广登字 20170147 号

FOREWORD
前言

Python 是一种解释型、面向对象并使用动态数据类型的高级程序设计语言。它具有丰富和强大的库，能够把用其他语言（尤其是 C/C++）制作的各种模块很轻松地联结在一起。这两年，随着人们对人工智能的关注越来越多，大家学习 Python 的热情也日益高涨。Python 在 IEEE 发布的 2017 年编程语言排行榜中高居首位。

我第一次接触 Python 还是在诺基亚的塞班时代，它是为数不多的能够在塞班上编程的语言，当时我的感受就是它比较容易理解，不过我还没有真正学习它，它就被大家遗忘了。经过多年的发展，目前 Python 的功能已经非常强大了，作为一种高级语言，它具有丰富的第三方库，官方库中也有相应的功能模块支持，覆盖了网络、文件、GUI、数据库、文本等大量内容。

Python 可以在多种主流的平台上运行，现在有很多领域都采用 Python 进行编程。目前业内绝大多数大中型互联网企业在使用 Python。

我现在也在针对青少年进行一些 Python 编程的教学工作，为了让大家对 Python 学习更感兴趣，我以学生比较喜欢的《Minecraft 我的世界》游戏为载体，通过 Python 编程来与游戏中的玩家或方块互动，先后实现了“剑球”游戏、五子棋游戏以及像素图像扫描仪这几个项目，最后还实现了通过游戏控制 Arduino 等外部设备的功能。希望大家能够在玩游戏的过程中更加轻松地进入 Python 的世界。

本书的内容

本书大体上可以分为前后两部分：前面主要是一些 Python 的基础知识，包括基本的程序结构（顺序、选择、循环）、字符串、列表、字典、元组、对象、类库等，这部分内容有 3 章；后面的部分主要是结合《Minecraft 我的世界》完成一些交互游戏，包括 Minecraft 代码入门、“剑球”游戏、五子棋游戏、像素图像扫描仪以及通过游戏控制外部设备的一个小例子，这部分内容有 6 章。

本书面向的读者

目前市面上关于 Python 编程的书已经有不少了，不过大都是从编程语言的角度来介绍的。而本书以学生比较喜欢的《Minecraft 我的世界》游戏为载体，所以应该更加简单易学。本书面向的是所有想学习 Python 语言的人，不过可能需要读者对《Minecraft 我的世界》游戏有一定了解，至少应该知道如何操作游戏中的玩家进行探险。

入门之后，大家可以再购买一些专业的 Python 书籍进行阅读，进一步学习与游戏开发、人工智能算法相关的内容。

为了更适合读者阅读，本书采用全彩印刷形式，这样后面的这些例子看起来会更加直观明了。这里要感谢人民邮电出版社的编辑在出版过程中付出的努力，最后还要感谢现在正捧着这本书的您，感谢您肯花费时间和精力阅读本书。由于时间有限，书中难免存在疏漏与不足，诚恳地希望读者批评指正，您的意见和建议将是我巨大的财富。

程晨

2022.8

CONTENTS

目录

Python 基础

Python 是一种解释型、面向对象、动态数据类型的高级程序设计语言。它具有丰富的和强大的库，能够很轻松地把用其他语言（尤其是 C/C++）制作的各种模块联结在一起。这两年，随着对人工智能的关注越来越多，人们对 Python 的学习热情也越来越高涨。在 IEEE 发布的 2017 年编程语言排行榜中，Python 高居首位。本书以《Minecraft 我的世界》游戏为载体，希望能够引领大家更加轻松（Python 本身就以简单易用著称）地进入 Python 的世界。

1.1 Python 的历史

Python 由 Guido van Rossum 于 1989 年年底发明，第一个公开发行版发行于 1991 年。他对这个叫作 Python 的新语言的定位是：一种介于 C 和 shell 之间，功能全面，易学易用，可扩展的语言。

这门语言之所以叫 Python（巨蟒），是因为 Guido van Rossum 是电视喜剧《巨蟒组的飞行马戏团》（Monty Python's Flying Circus）的狂热爱好者。该剧是英国的喜剧团体巨蟒组（Monty Python）创作的系列超现实主义电视喜剧，1969 年首次以电视短剧的形式在 BBC 电视频道播出，共推出了 4 季共 45 集节目。随后喜剧团体巨蟒组的影响力从电视扩展到舞台剧、电影、音乐专辑、音乐剧等，被外国媒体认为在喜剧上的影响力不亚于披头士乐队在音乐方面的影响力。它的 6 位成员都是来自牛津大学和剑桥大学的高材生。除去 Python，以流行文化命名的程序语言还有不少，比如 Frink 语言的名字来自《辛普森一家》中的 Frink 教授。

1.2 Python 的发展

1991 年，第一个 Python 编译器诞生。它基于 C 语言实现，并能够调用 C 语言的库文件。之后历经不断的换代革新，2004 年 Python 到达了一个具有里程碑意义的节点——2.4 版。6 年后 Python 发展到 2.7 版，这是目前为止 2.x 版中使用较为广泛的版本。

2.7 版不同于以往的 2.x 版，它是 2.x 版向 3.x 版过渡的一个桥梁，在最大限度上继承了 3.x 版的特性，同时尽量保持对 2.x 版的兼容性。

在 Python 的发展历程中，3.x 版在 2.7 版之前就已经问世了。从 2008 年的 3.0 版开始，Python 3.x 呈迅猛发展之势，版本更新活跃，一直发展到现在最新的 3.6.4 版。

1.3　Python 的优缺点

1.3.1　Python 的优点

Python 有以下几个优点。

1. 简单优雅

这是 Python 的定位，使得 Python 程序看上去简单易懂，初学者容易入门，学习成本更低。但随着学习的不断深入，Python 同样可以满足复杂场景的开发需求。引用一个说法，Python 的哲学就是简单优雅，尽量写容易看明白的代码，尽量写更少的代码。

2. 开发效率高

Python 作为一种高级语言，具有丰富的第三方库，官方库中也有相应的功能模块支持，覆盖了网络、文件、GUI、数据库、文本等大量内容。因此开发者无需事必躬亲，遇到主流的功能需求时可以直接调用。在基础库的基础上施展拳脚，可以节省你很多时间和精力，大大缩短了开发周期。

3. 无需关注底层细节

Python 作为一种高级开发语言，在编程时无需关注底层细节（如内存管理等）。

4. 功能强大

Python 是一种前端、后端通吃的综合性语言，功能强大。

5. 可移植性

Python 可以在多种主流的平台上运行，开发程序时只要绕开对系统平台的依赖性，就可以在无需修改的前提下运行在多种系统平台上。

1.3.2　Python 的缺点

Python 的缺点有以下几点。

1. 代码运行速度慢

因为 Python 是一种高级开发语言，不像 C 语言一样可以深入底层硬件，最大限度上挖掘、榨取硬件的性能，所以用它编写的程序运行速度要远远低于用 C 语言编写的程序的运行速度。另外一个原因是，Python 是解释型语言，代码在执行时会被一行一行地翻译成 CPU 能理解的机器码，这个翻译过程非常耗时，所以很慢。而 C 程序是在运行前直接编译成 CPU 能执行的机器码，所以运行起来非常快。

不过这种慢对于不需要追求硬件高性能的应用场合根本不是问题，因为它们比较的数量级根本不是用户能直观感受到的！

2. 必须公开源代码

因为 Python 是一种解释性语言，没有编译、打包的过程。所以必须公开源代码。

总体来讲，Python 的优点多于缺点，而且缺点在多数情况下不是根本性问题，所以现在很多领域都采用 Python 进行编程。下面我们就来看看 Python 所适用的领域。

1.4 Python 的适用领域

Python 可应用于众多领域，具体可以分为以下几个方面。

（1）云计算开发。Python 是云计算领域最火的语言，典型应用代表为 OpenStack。

（2）Web 开发。众多优秀的 Web 框架（如 Youtube、instagrm、豆瓣等）均使用 Python 开发。

（3）系统运维。各种自动化工具，如 CMDB、监控报警系统、堡垒机、配置管理 & 批量分发工具等的开发均可用 Python 搞定。

（4）科学计算、人工智能。据说用于人机围棋大战的 AlphaGo 就使用了 Python 进行开发。

（5）图形 GUI 处理。

（6）网络爬虫。现在很多网络爬虫，包括谷歌的爬虫都是使用 Python 开发的。

目前业内绝大多数大中型互联网企业在使用 Python。

1.5 Python 的安装与使用

虽然本书主要使用的是 Raspberry Pi（树莓派）上的 Python，而它又是 Raspberry Pi 自带的，不涉及安装问题，但是 Python 并不是只能在 Raspberry Pi 或 Linux 中使用，在 Windows 中也可以使用。本节我们就来介绍一下在 Windows 中如何安装 Python。

1.5.1 Python 的安装

首先，打开 Python 的官网，界面如图 1.1 所示。

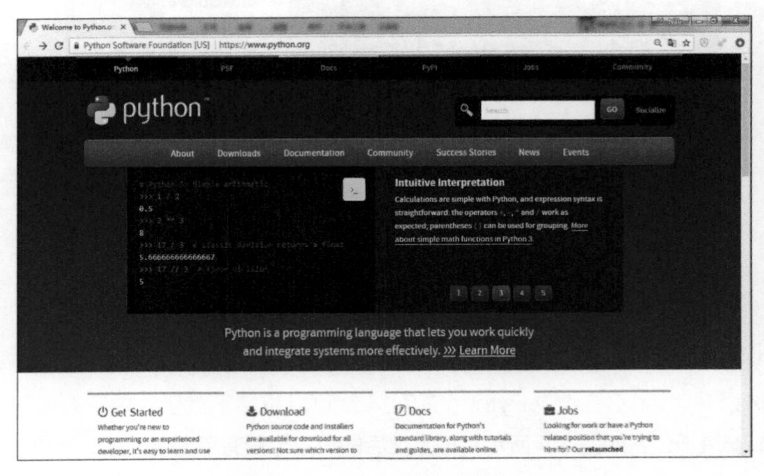

■ 图 1.1 Python 官网

这个界面中心有一个黄色的按钮，单击这个按钮能够打开一个在线的控制台，如图 1.2 所示。

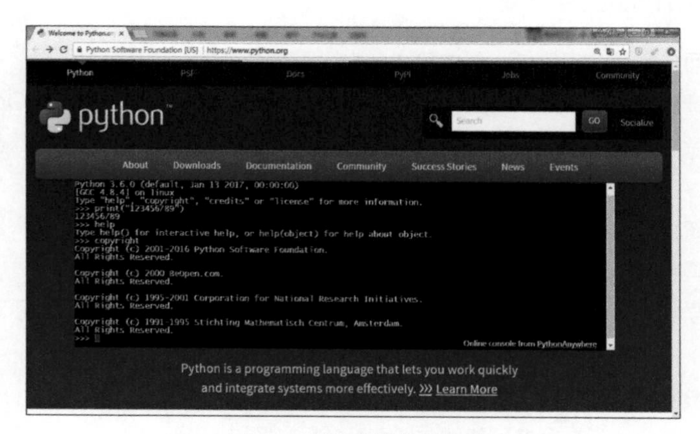

■ 图 1.2　网页中的在线控制台

在这个控制台中，我们就能够初步地感受 Python 的应用，比如在这里输入 copyright 之后，控制台就会显示 Python 的版权信息。

控制台上方有一排选项按钮，将鼠标指针移动到 Downloads 上，就会弹出 Downloads 菜单下的选项，如图 1.3 所示，其中包含各个操作系统版本的 Python 的下载。

这里由于网页检测到现在使用的是 Windows 系统，所以在这些子选项的右侧会自动弹出 Windows 版 Python 的下载。

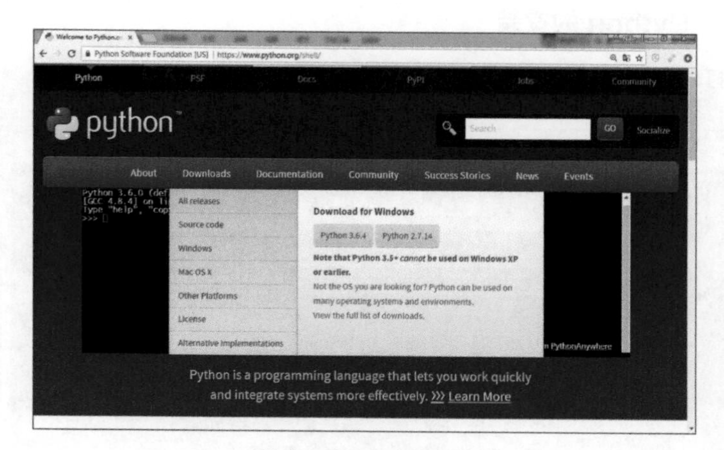

■ 图 1.3　Downloads 选项

这里选择 Python 3.6.4 或 Python 2.7.14 就可以直接下载了。由于系统的问题下载了 3.x 版却安装不了，如图 1.4 所示，加上之后的程序也没有用到 3.x 版，所以我安装的是 2.7.14 版。

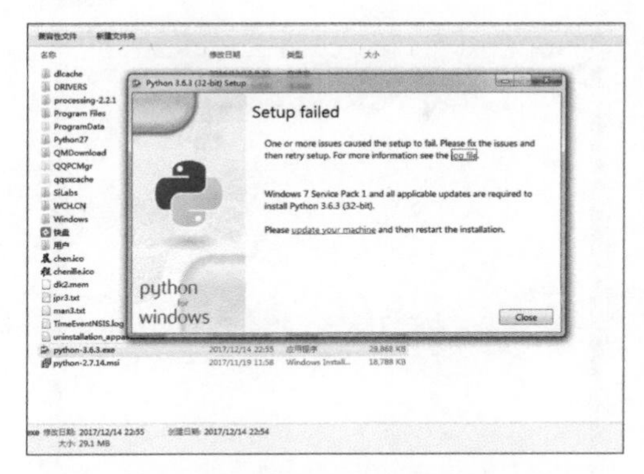

■ 图 1.4　安装 3.x 版失败

2.7.14 版的安装界面如图 1.5 所示，安装目录默认为 C:\Python27\。

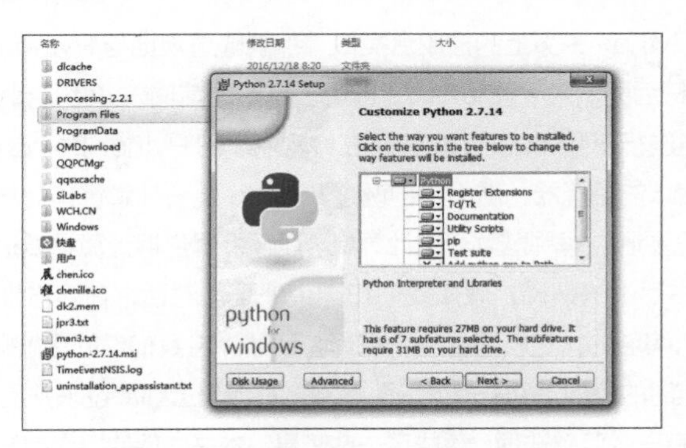

■ 图 1.5　安装 2.7.14 版的 Python

1.5.2　Python 的使用

安装完成后，软件会提供两个工具，一个是命令行形式的 Python(command line)，如图 1.6 所示，另一个是 Python 的集成开发环境 IDLE，如图 1.7 所示。

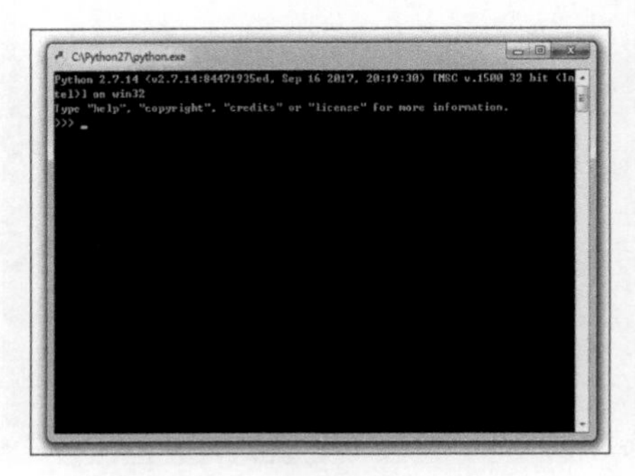

■ 图 1.6　Python(command line)

■ 图 1.7　Python IDLE

这两个工具和 Python 主页上的控制台类似，都能够直观地与 Python 进行交互。只要在窗口中的 >>> 提示符后面输入 Python 命令即可。比如之前输入 copyright，回车之后马上就能看到输出结果。当进行一些测试时，尤其是在你刚刚学习 Python 时，这样的操作非常有用。这两个工具是 Python 的解释器，前面我们说过 Python 是一种解释型计算机程序设计语言，就是说我们写的代码要通过解释器解释给计算机，让解释器告诉计算机要进行什么样的处理。解释器有点像日常生活中的翻译，假如我们和一个外国人对话，在双方都没有学过对方语言的情况下是无法正常沟通的，这就需要一个翻译，让翻译将我们说的话解释给对方。

这个解释器是实时的，我们每写一句代码，解释器都会马上翻译过来并反馈给我们执行结果。所不同的是，IDLE 有一些菜单选项，集成了一些工具。本书之后的操作都是在 IDLE 中进行的。

计算是所有编程语言都会涉及的部分，Python 也不例外。因此，在 Python IDLE 的提示符 >>> 之后输入 123+456，回车后你就会在下一行看到结果（579），如图 1.8 所示。

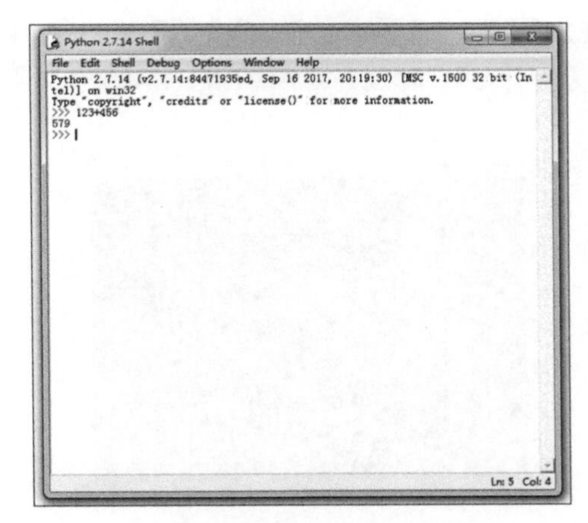

■ 图 1.8　在 Python 中计算

1.5.3 编辑器

这两个工具是测试 Python 的好地方，却不是编写程序的地方，因为我们在其中输入的任何内容都会马上被处理，不会保存下来，而 Python 程序最好能保存在一个文件中，这样在执行相同的操作时就不需要重复输入这些内容了。一个文件可能包含了很多行编程语言命令，当你运行这个文件时，实际上就是运行了所有的这些命令。

IDLE 顶端的菜单选项允许我们创建新文件。对应的操作是在菜单栏中选择 File，然后单击 New File，如图 1.9 所示。

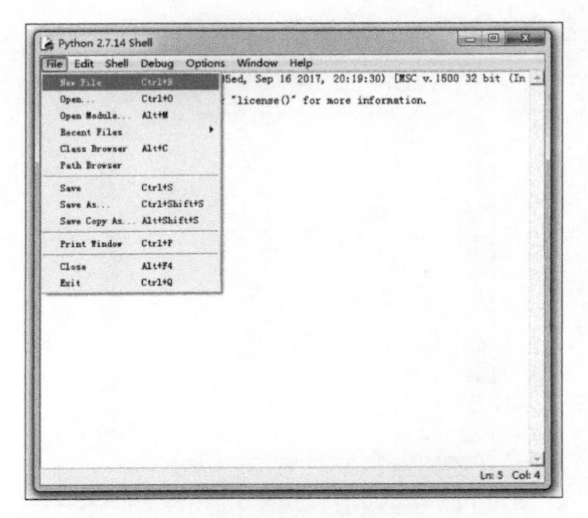

■ 图 1.9 File 菜单中的 New File

新建文件后会弹出一个空白的窗口（图见 1.10），这就是 Python 的编辑器，是我们编写程序的地方，你可以将它看成一个文本编辑窗口（本质上就是一个文本编辑窗口，只是添加了对一些代码的颜色提示）。

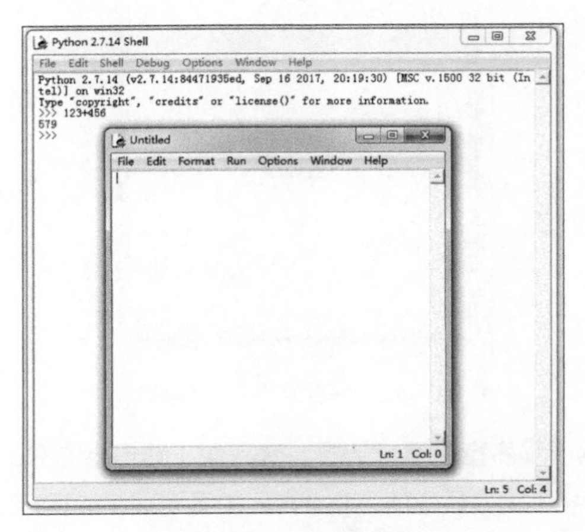

■ 图 1.10 新建文件窗口

在编辑器窗口中输入以下两行代码：

```
print('Hello')
print('World')
```

你会注意到编辑器中没有提示符 >>>。这是因为我们在这里输入的命令不会马上执行，这些内容只是存储在文件里等待我们决定运行它们。如果你愿意，也可以使用记事本或其他文本编辑软件来编写这个文件，不过 IDLE 编辑器和 Python 整合得比较好，它对于 Python 语言的关键字会显示出不同的颜色，这样在你编写程序时就能起到辅助作用。上面两行代码在编辑器中的显示效果如图 1.11 所示。

■ 图 1.11　关键字在编辑器中显示的颜色不一样

接下来，我们需要保存这个新建的文件，只有保存后，代码才能够运行。这里我将这个文件命名为 hello.py，如图 1.12 所示。

■ 图 1.12　保存文件名为 hello.py

此时，如果想要运行程序查看运行结果，就需要在编辑器的 Run（运行）菜单中选择 Run Module（运行模块）。之后你就会在 IDLE 中看到程序的运行结果——输出两个单词 Hello 和 World，它们各占一行，如图 1.13 所示。

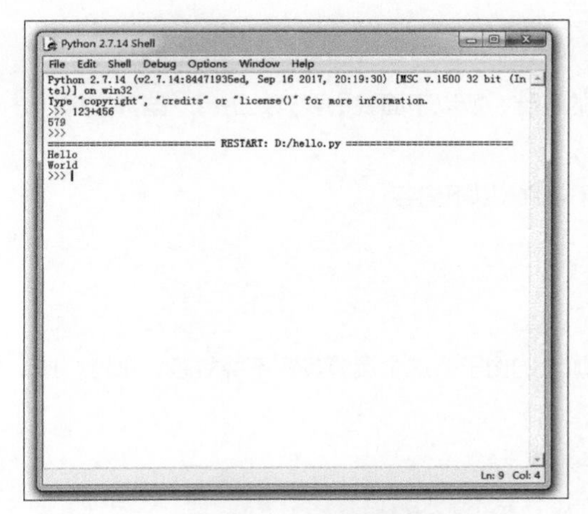

■ 图 1.13 程序输出结果

你在 IDLE 中输入的内容不会保存在任何地方；因此，如果你退出 IDLE 然后重新启动它，之前输入的所有内容都将丢失。

说明：之后的内容我们会尽量使用文本的形式，而不是截图的形式。如果是要在 IDLE 中输入的内容，会在前面加上提示符 >>>，而结果将会出现在接下来的一行。如果你准备使用 Raspberry Pi 上的 Python IDLE，那么可以先阅读一下第 4 章的前几节，然后再回来阅读下面的内容。

1.6 关键字

Python 是一种很纯净的语言，只保留了 34 个关键字，见表 1.1。这些关键字是语言的核心，在编写程序时，我们通过关键字来构建整个程序的结构和逻辑。

表 1.1 Python 中保留的关键字

条件	循环	内置函数	类库与函数	错误处理
if	for	print	class	try
else	in	pass	def	except
elif	while	del	global	finally
not	break		lambda	raise
or	as		nonlocal	assert
and	continue		yield	with
is			import	
True			return	
False			from	
None				

1.7 数字

数字处理是编程的基础，所以下面我们要开始进行一些数字操作，而进行这种操作的最好地方就是 IDLE。

在 Python IDLE 中输入以下内容：

```
>>> 45*240/36 + 11
311
```

相比之前的那个加法的例子，这个运算其实不算复杂，不过，这个例子告诉了我们：

- 乘法运算的符号是 *;
- 除号运算的符号是 /;
- Python 执行乘除运算要先于加减运算。

如果你想让某些部分优先运算，最保险的方式就是增加一对圆括号，比如：

```
>>> 47*240/(36 + 11)
240
```

这里使用的数字都是整数（在编程时通常称其为整型）。而如果我们愿意，还可以使用小数，在编程时，这样的数字被称为浮点数，因为数字中有一个浮动的小数点。

1.8 变量

介绍了数字之后，下面再来说说变量。

变量可以理解为一个存放东西的盒子，盒子的名称就是变量名，而变量的值就是其中存放的东西。变量的赋值形式上有点像代数中用字符来代替数字。我们通过以下的命令开始：

```
>>> k = 9.0 / 5
```

这里，等号表示把一个数值赋给变量，即将某个东西放到盒子当中。变量名必须在左侧而且中间不能有空格；变量名的长度由你决定，甚至可以包含数字以及下划线（_）。不仅如此，变量还可以使用大写和小写字母。这些都是变量命名的规则；除此之外，还有一些约定。约定与规则的区别是：如果你不遵守规则，Python 会提示你有错误，程序不能运行；如果你不遵守约定，你的程序的可读性可能会变差，但程序可以运行。

变量的约定是它们通常由表示变量含义的几个单词构成，由于中间不能有空格，所以这些单词是连在一起的，其中第一个单词的第一个字母是小写的，而后面的单词的第一个字母是大写的。这样的命名约定叫作驼峰命名法。除此之外，还有一种命名法是以小写字母开头，中间使用下划线将各个英文单词分隔开。

我们通过表 1.2 中的一些例子让你感受一下什么是规则，什么是约定。

表 1.2 变量命名

变量名	是否符合规则	是否符合约定
number	是	是
Number	是	否
number_of_blocks	是	是
Number of blocks	否	否
numberOfBlocks	是	是
NumberOfBlocks	是	否
2beOrNot2be	否	否
toBeOrNot2be	是	否

坚持按照约定来命名，这样会让其他的 Python 程序员更容易读懂你的程序，同时你自己也能更好地理解自己的程序。

如果你写了一些连 Python 都不懂的语句，就会得到一个错误提示信息。试着输入以下代码：

```
>>> 2beOrNot2be = 1
SyntaxError: invalid syntax
```

出错是因为你尝试定义的变量名以数字开头，这是不符合规则的。

回到之前的代码，当我们输入赋值语句之后回车，IDLE 好像并没有什么反应，接下来的一行还是以提示符 >>> 开头，表示等待我们输入信息。这是因为赋值语句执行的操作是将一个数值赋给变量，这个操作并没有输出消息。如果我们想查看变量的值，只需要输入 k 就可以了，如下：

```
>>> k = 9.0/5
>>> k
1.8
```

Python 会记得变量 k 的值，这表示我们可以在其他表达式中使用这个变量。试试输入以下代码：

```
>>> 20 * k + 32
68.0
```

这里再进行运算时，我们直接使用了变量 k，将其代入运算当中，得到的结果是 68，此处显示 68.0 表示它是一个浮点数，因为 k 的值是一个浮点数。

1.9 程序的基本结构

Python 的运算功能我们就测试到这里，不过程序的运行只依靠计算还不够，还需要有逻辑结构。在程序执行的过程中，有 3 种基本结构：顺序、选择和循环，所有程序都可以由这 3 种基本结构组合而成。某些情况下要根据条件来决定执行哪块代码，这就需要使用选择结构来实现；某些情况下需要不断地重复执行某些代码，这就需要使用循环结构来实现。

1.9.1 for 循环

顺序结构很好理解，就是按照代码的顺序一步一步地执行。而在选择结构和循环结构之间，我们先来介绍循环结构。循环的意思就是让 Python 能够将一个任务执行一定次数或一直执行，而不是仅仅运行一次。在下面的例子中，你会在 Python 中输入多行命令。当你按一下回车键跳到下一行时，你会发现 Python 在等待。它没有马上运行你输入的命令是因为它知道你还没有写完。Python 中以字符：结尾表示后面还有命令要写。

之后的代码前面会有一个缩进。在 Python 中没有大括号，代码的层次主要依靠缩进来实现。为了运行这两行程序，需要在第二行之后按两下回车键。

```
>>> for x in range(1, 10):
    print(x)



1
2
3
4
5
6
7
8
9
>>>
```

我们能够看到虽然只写了两行，但却有 9 行数据输出。这段程序中用到了一个 range 函数，这个函数的功能是在一定范围内生成一段数字的列表，函数有两个参数，参数之间用逗号隔开，表示数字范围的起始与结束，在上面的例子中，这两个参数是 1 和 10。由于数字的列表不包含结束的数字，所以上面输出的数字就是从 1 到 9，而不是从 1 到 10。

这段程序中另外一个要点就是用于循环的 for 命令，for 命令由两部分组成。单词 for 之后必须跟一个变量名，在循环中，这个变量每次都会被赋予一个新值。因此，循环到第一次时，它的值是 1；循环到第二次时它的值是 2，依此类推。单词 in 是和 for 配合使用的，在单词 in 之后，Python 要求这部分是循环中各项的列表。这里这个列表就是从 1 到 9 的数字。

print 命令同样需要一个参数，这个参数表示程序输出到 IDLE 的内容。这个循环，每一次都会打印 x 的值。

1.9.2 if 选择结构

了解了 for 循环结构，我们再来看看 if 选择结构。选择的意思就是让 Python 判断一个条件，只有条件成立，才会执行某一段代码。选择结构涉及比较与逻辑运算，将在下一节介绍，这里我们先简单地用 True 和 False 来表示。当 Python 告诉我们 True 或 False，或者我们告诉 Python 条件是 True 或 False 时，实际上是在说“真”或者“假”，“成立”或者“不成立”，这种特殊的值叫作“逻辑值”。跟在 if 后的任何条件都会被 Python 转换为逻辑值（当然也可以直接在 if 后面跟一个逻辑值），以决定是否执行下一行代码。

尝试输入以下代码。

```
>>> if True:
    print("welcome")


welcome
>>> if False:
    print("bye bye")


>>>
```

这里的情况与上面的类似，if 之后也是以冒号结束的，表示后面还有代码。而代码完成后，我们要按两下回车键才能够执行。通过操作你会发现，第一个 if 后面跟着 True 时，就会执行后面的代码，并输出 welcome；而第二个 if，由于后面跟的是 False，所以后面的代码就不会执行。

上面的代码还能够用 if……else……来完成，else 表示“否则”，即条件成立时执行 if 后面的代码块，条件不成立时则执行 else 后面的代码块，具体代码如下：

```
>>> if True:
    print("welcome")
else:
    print("bye bye")


welcome
>>>
```

如果 if 后面的条件是变化的，那么当条件不成立时就会执行 else 中的内容。这样的结构中，同一时间，只可能打印两条信息中的一条。另外 if 结构还有一种变化是 elif，就是 else if 的缩写，我们会通过具体的例子加以说明。

1.9.3 比较

在程序中最直观的条件就是测试两个值是否相等，这要用到==。该符号属于比较运算符。我们用表 1.3 来展示一下不同的比较运算符。

表 1.3 比较运算符

比较运算符	说明	示例
==	等于	a==7
!=	不等于	a!=7
>	大于	a>7
<	小于	a<7
>=	大于或等于	a>=7
<=	小于或等于	a<=7

比较运算的结果是一个 True（真）或 False（假）的“逻辑值”，你可以用这些比较运算符在 IDLE 中做几个测试，比如：

```
>>> 7 > 3
True
```

这里，相当于我们问 Python：“7 真的比 3 大吗？”Python 回复说：“真”。现在让我们问问 Python：“7 是不是比 3 小？”

```
>>> 7 < 3
False
```

这次返回的就是 False，如果将比较运算放在上面的代码中，则代码如下：

```
>>> if 7<3:
    print("welcome")
else:
    print("bye bye")


bye bye
>>>
```

这里由于 if 后面的值是 False，所以最后的输出就是“bye bye”。

1.9.4 逻辑运算

True 或 False 的“逻辑值”并不只是能够表示条件是否成立，它们同样也能进行运算，这些逻辑值也可以像之前讲过的加减算术运算一样进行组合。不过 True 和 True 相加是没有意义的，“逻辑值”的运算不是加、减、乘、除，而是与、或、非，对应的逻辑运算符是

and、or、not。逻辑运算符及对应的含义见表 1.4。

表 1.4　逻辑运算符及对应的含义

逻辑运算符	说明	示例
and	与，即两个条件要同时成立	a > 7 and a < 10
or	或，即两个条件有一个成立即可	a > 7 or a < 3
not	非，即相反的逻辑值	not True

大家可以尝试一下以下的操作。

```
>>> True and True
True
>>> True and False
False
>>> True or False
True
>>> not True
False
>>>
```

这里当 True 和 True 进行“与”操作（and）时，返回的结果是 True；True 和 False 进行“或”操作（or）时，返回的结果也是 True；而当 True 和 False 进行“与”操作（and）时，返回的结果是 False；最后 not True 返回的结果就是 False；同样，not False 返回的结果就是 True。

对于逻辑运算，我们通常采用真值表的形式来表示。与运算（and）和或运算（or）的真值见表 1.5 和表 1.6。

表 1.5　与运算（and）的真值

条件 1	条件 2	结果
True	True	True
True	False	False
False	True	False
False	False	False

表 1.6　或运算（or）的真值

条件 1	条件 2	结果
True	True	True
True	False	True
False	True	True
False	False	False

1.10 掷骰子

了解了以上的内容后，本节我们来完成一个掷骰子的小程序。

1.10.1 随机数

掷骰子需要用到一个随机数的概念，由于随机数相关的模块或函数本身并没有包含在 Python 当中，所以我们需要先将它们导入之后才能使用。导入要用到关键字 import，本书的后面你会学到很多关于库的内容，现在大家可以尝试以下的内容。

```
>>> import random
>>> random.randint(1,6)
5
```

这里的第一行是导入随机数 random 的模块或函数，这个操作是没有返回的显示内容的，所以直接出现了提示符 >>> 等待我们输入。而第二行我们使用了 random 的函数 randint 来生成一个随机数，这个函数有两个参数，表示随机数的范围，因为通常骰子有 6 个面，分别用点来表示 6 个数，所以这里随机数的范围是 1~6。

上面的代码中生成的随机数是 5，将第二行多输入几次，你应该可以获得 1~6 的不同随机数。

1.10.2 重复掷骰子

下面我们来写一个程序模拟掷 10 次骰子。为了避免重复输入代码，我们将这些内容写在之前的 hello.py 文件中。完成后的代码如下。

```
print('Hello')
print('World')

import random
for x in range(1, 11):
    randomNumber = random.randint(1, 6)
    print(randomNumber)
```

这里由于 range 函数不会取参数中最大的一个值，所以如果要想循环 10 次，则参数需要是 1 和 11，或者是 0 和 10。

代码完成后在编辑器中的效果如图 1.14 所示。

保存代码后，从 Run（运行）菜单中选择 Run Module（运行模块），结果就会显示在 IDLE 中，如下。

```
============================== RESTART: D:/hello.py ==============================
Hello
```

```
World
4
1
4
6
3
3
5
1
1
2
>>>
```

■ 图 1.14 重复掷骰子的程序

1.10.3 掷两个骰子

为了增加一些变化，我们再多加一个骰子。而每次输出的信息则是两个骰子随机数之和。为此我们新建了一个变量 total，用来存放两次骰子的值，对应代码如下。

```
print('Hello')
print('World')

import random
for x in range(0, 10):
    randomNumber1 = random.randint(1, 6)
    randomNumber2 = random.randint(1, 6)
    total = randomNumber1 + randomNumber2
    print(total)
```

对于两个骰子的情况，如果两个骰子掷出的数一样，这个概率相对而言是比较小的，我们希望程序能够有一个提示，这就需要用到 if 选择结构，即当两个数一样时，输出“double”

信息。

对应的代码如下。

```
print('Hello')
print('World')

import random
for x in range(0, 10):
    randomNumber1 = random.randint(1, 6)
    randomNumber2 = random.randint(1, 6)
    if randomNumber1 == randomNumber2:
        print("double")
    total = randomNumber1 + randomNumber2
    print(total)
```

这里用 if 选择结构判断了 randomNumber1 和 randomNumber2 这两个值，如果两个值相等，则会执行之后的 print 函数；如果两个值不相等，就不会输出“double”信息。代码执行的效果如下。

```
============================== RESTART: D:/hello.py ==============================
Hello
World
8
double
6
double
10
8
7
11
8
double
10
11
4
>>>
```

1.10.4 大小判断

判断出两个骰子掷出的点数是否相等后，最后我们再来将两个数不一样时的数据进行一个大致的划分。我们要实现的功能是：如果两个数的和大于 8，那么输出“big”；如果两个数的和小于或等于 8，但大于 4，那么输出“not bad”；如果两个数的和小于或等于 4，那么输出“small”。

这里要注意，所有的这些判断都是在两个数不相等的情况下才进行的，对应的代码如下。

```
print('Hello')
print('World')

import random
for x in range(0, 10):
    randomNumber1 = random.randint(1, 6)
    randomNumber2 = random.randint(1, 6)

    total = randomNumber1 + randomNumber2
    print(total)

    # 首先判断两个数是不是一样
    if randomNumber1 == randomNumber2:
        print("double")
    else:
        # 如果不一样的话，再判断两个数之和的大小
        if total > 8:
            print("big")
        elif total > 4 and total <=8:
            print("not bad")
        else:
            print("small")
```

这段代码中，有几行是以 # 号开头的，表明这几行不属于代码，它们只是注释，Python 会直接忽略以 # 号开头的代码行。注释不会影响程序的正常运行，但这样的额外内容能够增加程序的可读性。在 Python 中，单行注释用 # 开头，单独一行或者在代码后面通过 # 跟上注释均可，多行注释在首尾处用成对的三引号引用即可，可以是成对的 3 个单引号，也可以是成对的 3 个双引号。

另外，这段代码中我们还用到了 elif，通过 elif 我们实现了一个 3 分支的选择结构。elif 是 else if 的缩写，它的后面也需要跟一个条件，只有不满足第一个条件并满足第二个条件的情况才会执行其中的内容。所以如果这部分的判断写成以下样式也是可以的。

```
        # 如果不一样的话，再判断两个数之和的大小
        if total > 8:
            print("big")
        elif total > 4 :
            print("not bad")
        else:
            print("small")
```

不过通常我们在程序中还是会按照完整的判断条件来写。最后一个 else 是指第一个条件和第二个条件都不满足的情况下才会运行其中的内容。

这样我们这个掷骰子的小程序就算完成了，需要说明的是在 if 选择结构中可以添加多个 elif，以构成有更多分支的选择结构，如果大家感兴趣，可以自己尝试一下。

1.11 While

另外一种循环命令是 while，它与 for 循环稍有不同。while 命令像 if 命令一样都要紧跟着一个条件，这个条件能够让循环持续执行。换句话说，只要条件为真，循环内的代码就会不断地重复执行。这意味着你要小心设定条件，要保证在某些情况下条件不会成立；否则，这个循环就会永无止境地运行下去了。

为了说明如何使用 while，我们继续更改掷骰子的程序，这次我们不会限定掷骰子的次数，而是要等到丢出一对 6 时才停止。

```
print('Hello')
print('World')

import random

randomNumber1 = 0
randomNumber2 = 0
while not (randomNumber1 == 6 and randomNumber2 == 6):
    randomNumber1 = random.randint(1, 6)
    randomNumber2 = random.randint(1, 6)

    total = randomNumber1 + randomNumber2
    print(total)

    # 首先判断两个数是不是相等
    if randomNumber1 == randomNumber2:
        print("double")
    else:
        # 如果不相等，再判断两个数之和的大小
        if total > 8:
            print("big")
        elif total > 4 :
            print("not bad")
        else:
            print("small")
```

我们修改的主要位置就是循环的部分，将原来的 for 循环变为了 while 循环，其条件就是没有丢出一对 6 的情况下一直循环下去。

对于 while 循环来说，还有一种停止的方式，就是使用关键字 break 来跳出循环，此时 while 循环的条件就可以是 True 了。修改后的代码如下。

```
print('Hello')
print('World')

import random
```

```
while True:
    randomNumber1 = random.randint(1, 6)
    randomNumber2 = random.randint(1, 6)

    total = randomNumber1 + randomNumber2
    print(total)

    # 首先判断两个数是不是相等
    if randomNumber1 == randomNumber2:
        print("double")
        if randomNumber1 == 6:
            break
    else:
        # 如果不相等，再判断两个数之和的大小
        if total > 8:
            print("big")
        elif total > 4 :
            print("not bad")
        else:
            print("small")
```

这个循环的条件被设定为永久为真，所以，循环会一直不断地重复，直到遇到 break，而这种情况只有等到丢出一对 6 时才会发生。通过这两个变化，我们能够看到使用 break 实际上要比修改 while 循环的条件更简单，因为修改条件我们必须考虑到所有停止循环的条件，而使用 break 则要灵活得多。

2 字符串、列表和字典

了解了 Python 的一些基础知识，在本章中，你会首先尝试一下各种常用的数据，并给你的 Python 程序添加一些结构。然后你会把所学的一切放在一个简单的猜词游戏中。这是一种玩家通过询问单词中是否包含指定的字母来完成的猜词游戏。本章的结尾还有一个参考部分，这部分会列出数学、字符串、列表和字典方面所有你需要知道的最有用的内置函数。

2.1 字符串

2.1.1 字符串的定义

在编程方面，字符串（String）是程序中的一串字符（字母、数字或其他符号）的组合。在Python中，如果想用变量来保存一个字符串，你只需要使用普通的等号“=”赋值就可以了，不过与赋值数字变量不同的是，赋值字符串变量时需要将字符串用引号引起来，就像这样：

```
>>> bookName = "My Python World"
```

如果你想看到变量的内容，可以直接在 IDLE 里输入变量名，也可以像我们处理数字变量一样使用 print 函数。

```
>>> bookName
'My Python World'
>>> print(bookName)
My Python World
```

这两种方法输出的结果有一些细微的差别。如果只是输入变量名，Python 会在输出结果的两端加上单引号，以表明输出结果是一段字符串。如果使用 print 命令，Python 只会输出对应的内容。

注意：定义字符串时也可以直接使用单引号，双引号和单引号两者都可以，不过假如字符串当中本来就有一个单引号，那么定义字符串时就只能使用双引号了。

2.1.2 字符串的方法

对于 Python 这样的面前对象的编程语言，字符串也是一个对象，这样的对象本身就有一些函数或方法。

例如你能通过下面的命令知道字符串中有多少个字符。

```
>>> len(bookName)
15
```

在 Python 当中，字符串还可以看作一个字符的数组，每一个字符都有自己的位置，我们的字符串变量 bookName 可以理解为表 2.1 所示的形式。

表 2.1 字符串变量

位置	0	1	2	3	4	5	6	7	8	9	10	11	12	13	14
字符	M	y		P	y	t	h	o	n		W	o	r	l	d

通过下面的命令就能知道特定位置是什么字符。

```
>>> bookName[3]
'P'
```

这里有两点需要强调：首先，数组中的参数要使用方括号而不是圆括号括起来；其次，位置是从 0 开始的，而不是从 1 开始的。所以如果你想知道字符串的第一个字母，需要输入以下命令。

```
>>> bookName[0]
'M'
```

如果输入的数字太大，超过了字符串的长度，可能会看到以下信息。

```
>>> bookName[33]

Traceback (most recent call last):
  File "<pyshell#45>", line 1, in <module>
    bookName[33]
IndexError: string index out of range
>>>
```

这是一个错误提示信息，Python 在告诉我们出了一些问题，我们最好仔细阅读这些提示信息，这样在编程时就能够更快地解决问题。这里信息中“string index out of range”部分表示字符串的索引值超出了字符串的长度。

你还可以截取一个长字符串中的一部分，如：

```
>>> bookName[0:9]
'My Python'
```

方括号内的第一个数字是截取字符串的起始位置，而第二个数字并不像你想象中的那样代表结尾位置，而是把结尾的位置加 1。

接着尝试把 World 这个单词从字符串中取出来。如果你不指定中括号中的第二个数字，那么，就默认是字符串的最后一个字符。

```
>>> bookName[10:]
'World'
```

同样，如果不指定第一个数字，则默认是 0。

最后，我们还可以用加号“+”把字符串连在一起，比如：

```
>>> "welcome to "+bookName
'welcome to My Python World'
```

2.2 列表

2.2.1 列表的定义

列表可以看作许多变量的排列，这里的变量值可以是数字，也可以是字符串，甚至可以是另外一个列表。上一节中的字符串也可以理解为一个字符的列表。下面这个例子会告诉你如何创建一个列表。注意这里列表也可以使用 len 方法。

```
>>> numbers = [123, 34, 56, 321, 21]
>>> len(numbers)
5
```

定义列表时要是有方括号，表示具体的某一个列表中的变量时也要使用方括号，就像在字符串中我们可以用方括号表示字符串中某个位置的字符一样。和字符串操作类似，我们也可以从一个较大的列表中截取一小部分。

```
>>> numbers[0]
123
>>> numbers[1:3]
[34, 56]
```

另外，你还可以使用等号“=”来给列表中的某一项赋予新值，比如：

```
>>> numbers[0] = 1
>>> numbers
[1, 34, 56, 321, 21]
```

这样就把列表中的第一个项（0 项）从 123 变成了 1。

与处理字符串类似，你还可以用加号“+”把列表组合起来：

```
>>> moreNumbers = [78, 9, 81]
>>> numbers + moreNumbers
[1, 34, 56, 321, 21, 78, 9, 81]
```

2.2.2 列表的方法

如果你想将列表排序，可以使用 sort 方法，操作如下。

```
>>> numbers.sort()
>>> numbers
[1, 21, 34, 56, 321]
```

如果你想从列表中移除一项，可以使用 pop 方法，如下面的代码所示。如果你不指定 pop 的参数，代码只会移除列表中的最后一项，同时返回它。

```
>>> numbers
[1, 21, 34, 56, 321]
>>> numbers.pop()
321
>>> numbers
[1, 21, 34, 56]
```

如果你在 pop 的参数中指定一个数，那么这个位置的内容就会被移除，举例如下。

```
>>> numbers
[1, 21, 34, 56]
>>> numbers.pop(1)
21
>>> numbers
[1, 34, 56]
```

同样，你也能在列表的指定位置插入某一项。insert 函数有两个参数，第一个参数是插入的位置，而第二个参数是插入的内容。

```
>>> numbers
[1, 34, 56]
>>> numbers.insert(1,90)
>>> numbers
[1, 90, 34, 56]
```

列表可以写成非常复杂的结构，可以包含其他列表，也可以混合不同的数据类型——数字、字符串以及逻辑值。我们用下面的这个列表来说明。

```
>>> complexList = [123, 'hello', ['otherList',3 , True]]
>>> complexList
[123, 'hello', ['otherList', 3, True]]
```

这个列表中的第一项是一个数字，第二项是一个字符串，而第三项是另外一个复杂的列表。如果你想指定第三项中的某一项内容，可以采用操作二维数组的方式，如下：

```
>>> complexList[2][2]
True
```

这里指定了列表 complexList 中第三项（从 0 开始计算，所以方括号中是 2）的第三项，即最后的那个“逻辑值”。

2.3 函数

目前我们写的这些程序功能都比较单一，所以没必要过于规范，它们实现的功能很容易理解。不过随着程序不断增大，功能会越来越复杂，我们就有必要把程序分割成一个个叫作“函数”的单元。当我们再进一步学习程序的话，还将了解到可以通过类和模块将程序结构化。

之前我们用到的 range 和 print 其实是 Python 的内建函数。不论是什么程序，软件开发中最大的问题都是复杂性管理。优秀的程序员编写的软件有很强的可读性，易于理解，不需要太多的解释，几乎一看就懂。函数就是创建简单易懂的程序的关键，它能够在避免整个程序陷入混乱的前提下轻易地完成程序的修改。

函数可以看作一段执行固定功能的程序的集合。一个我们声明的函数能够在程序中的任何地方调用。函数执行完成后，程序会回到调用函数的位置继续往后执行。

举个列子，我们创建一个函数，函数的功能是接收一个字符串作为参数，然后在字符串的最后加上 please。新建一个文件输入以下内容，然后运行程序看看会发生什么。

```
# 定义函数
def addWord(sentence):
    newString = sentence + ' please'
    return newString

print(addWord('Seat down'))
```

函数以关键词 def 开头，后面跟着函数名，这就像之前给变量命名一样。之后的圆括号里是参数，如果参数的个数大于 1，就需要用逗号隔开。第一行必须以冒号结尾。

第二行会有一个缩进，表示这是在函数内部，我们使用了一个叫作 newString 的新变量，用来保存传入的字符串以及后面添加的“ please”（注意 please 前面还有一个空格）。这个变量只能用于函数内部。

函数的最后一行是 return 命令，它指定了函数被调用时的返回值。它就像三角函数，如 Sin 一样，当你输入一个角度后会返回一个数字。在这里，返回的就是变量 newString 的值。

要调用这个函数时，只需要使用函数的名字并提供合适的参数即可。函数的返回值不是必需的，因为有些函数只是为了执行一些操作，而不是为了反馈什么。比如，我们可以写一个没什么实际价值的函数，它的功能就是按指定的次数反复打印“Hello”，内容如下。

```
def say_hello(n):
    for x in range(0, n):
        print('Hello')

say_hello(5)
```

如果你对以上两段程序都没什么疑问，我想你已经能够编写函数了，是不是觉得没那么复杂?

2.4 猜词游戏

2.4.1 游戏规则

在学习了函数的基本内容后，本节我们来完成一个猜词游戏。规则是：游戏开始时，程序会先选择一个单词，然后对应单词的字母数画几条短线，由玩家来猜这个词。玩家每次只能猜一个字母，如果猜的字母不包含在单词里，就算失误一次；如果猜的字母包含在单词中，就需要把猜到的字母写在对应的短线上。然后玩家再猜下一个字母，直到猜对单词或失误次数达到最大值，游戏结束。

2.4.2 创建单词库

首先肯定要新建一个文件，然后在文件中建立一个单词的列表供程序选择，以下是建立字符串列表的工作。

```
words = ['chicken', 'dog', 'cat', 'mouse', 'frog']
```

然后我们创建一个函数随机地选择一个单词，代码如下。

```
import random

words = ['chicken', 'dog', 'cat', 'mouse', 'frog']
def pickWord():
    return random.choice(words)

print(pickWord())
```

多运行几次这个程序，看看能不能选择列表里的不同单词。random 模块中的 choice 函数能随机地选出列表中的某一项。

2.4.3 游戏结构

完成了单词库之后，就需要来完善一下游戏的结构了。

由于玩家在猜单词时是有次数限制的，所以我们先定义一个新变量 guessTimes。这是一个整数变量，我们先设定可以猜 14 次，每猜错一次，变量就会减 1。这种变量叫作全局变量，我们在程序的任何地方都可以使用它。

有了新变量，我们还需要写一个名为 play 的函数来控制游戏。根据游戏规则，我们是知道 play 是做什么的，只是暂时无法具体到细节。因此，我们在写 play 函数时可以先把一些需要用到的函数写出来，比如 getGuess 和 processGuess，就像刚刚写的 pickWord 函数一样，内容如下。

```
def play():
    word = pickWord()
    while True:
        guess = getGuess(word)
        if processGuess(guess, word):
            print('You win!')
            break
        if guessTimes == 0:
            print('Game over!')
            print('The word was: ' + word)
            break
```

猜词游戏首先进行选词操作，然后是一个无限循环，直到单词被猜出（processGuess 返回 True）或是 guessTimes 减少到 0。每次经过循环，游戏都会让玩家猜一次。

目前这个程序还不能运行，因为函数 getGuess 和 processGuess 还没有实现。但是，我们可以先写一点简单的内容，让我们的 play 函数先运行起来。这些简单的功能可能会有一些输出的或反馈的信息。这里我写的内容如下。

```
def getGuess(word):
    return 'a'
def processGuess(guess, word):
    global guessTimes
    guessTimes = guessTimes - 1
    return False
```

getGuess 中的内容是模拟玩家一直猜字母 a，而 processGuess 中的内容是一直假设玩家猜错，这样 guessTimes 就会减 1，然后返回 False，也就意味着玩家没猜对。

processGuess 中的内容有些复杂，第一行告诉 Python，guessTimes 是一个全局变量。如果没有这一行，Python 会认为它是一个函数内部的新变量。然后函数中将 guessTimes 减 1，最后返回 Fales，意味着玩家没猜对。最终，我们会判断玩家是否猜中了单词。

此时完成后的代码如下。

```
import random

words = ['chicken', 'dog', 'cat', 'mouse', 'frog']
guessTimes = 14

def pickWord():
    return random.choice(words)

def play():
    word = pickWord()
    while True:
        guess = getGuess(word)
        if processGuess(guess, word):
            print('You win!')
            break
        if guessTimes == 0:
            print('Game over!')
            print('The word was: ' + word)
            break

def getGuess(word):
    return 'a'

def processGuess(guess, word):
    global guessTimes
    guessTimes = guessTimes - 1
    return False

play()
```

如果运行程序，你将得到如下结果。

```
Game over!
The word was: chicken
>>>
```

此时因为很快用掉了 14 次猜词的机会，所以 Python 会告诉我们游戏结束了，同时输出正确的答案。

2.4.4 完善函数

现在我们需要做的就是尽快完善这个程序，用实际的函数替换之前简单的内容。我们还是从 getGuess 开始，这个函数要求我们输入一个所猜的字母，然后将这个字母反馈出来供其他函数使用，另外我们希望在这个函数开始时能将现在猜词的情况显示出来，同时提示我们还有几次猜词的机会，完成后的内容如下。

```
def getGuess(word):
    printWordWithBlanks(word)
    print('Guess Times Remaining: ' + str(guessTimes))
    guess = raw_input(' Guess a letter?')
    return guess
```

函数中首先要做的就是用函数 printWordWithBlanks 告诉玩家当前猜词的状态（比如 c- - c- - n），这是另外一个我们需要完善的程序，然后告诉玩家还有几次机会。注意，因为我们希望在字符串“Guess Times Remaining：”之后显示数字（guessTimes），所以这里用 str 函数将数字变量转换成了字符串类型。

函数 raw_input 会把参数作为提示信息输出显示，然后返回用户输入的内容。注意这里因为用的是 Python 2.x，所以使用的是 raw_input 函数；如果用的是 Python 3.x，可以直接使用 input 函数。

最后，getGuess 函数会返回用户输入的内容。

而现在 printWordWithBlanks 函数只是提示我们之后还要输入一些内容。

```
def printWordWithBlanks(word):
    print('not done yet')
```

此时运行程序，你会得到如下结果。

```
not done yet
Guess Times Remaining: 14
 Guess a letter?c
not done yet
Guess Times Remaining: 13
 Guess a letter?x
not done yet
Guess Times Remaining: 12
 Guess a letter?h
not done yet
Guess Times Remaining: 11
 Guess a letter?a
not done yet
Guess Times Remaining: 10
 Guess a letter?
```

不断猜测，你会看到猜词的次数不断减少，直到你的机会用完，出现游戏结束的信息。

接下来，我们来完成正确的 printWordWithBlanks。这个函数要像实现 c- - c- - n 这样的显示形式，所以它需要知道哪些字母是玩家猜出来的，哪些不是。为了实现这个功能，它需要用一个新的全局变量（这次是字符串类型的）来保存所有已猜到的字母。每次字母被猜到，就要被添加到这个字符串当中。

```
guessedLetters = ""
```

这是函数本身：

```
def printWordWithBlanks(word):
    displayWord = ""
    for letter in word:
            if guessedLetters.find(letter) > -1:
                # letter found
                displayWord = displayWord + letter
            else:
                # letter not found
                displayWord = displayWord + '-'
    print displayWord
```

这个函数的最开始是定义一个空的字符串，然后一步步地检查单词中的每个字母。如果这个字母是玩家已经猜到的字母，就把相应的字母添加到 displayWord 中；否则，就添加一个连字符（-）。内部函数 find 被用来检查字母是否在 guessedLetters 中。如果字母不在其中，则 find 函数返回 -1，否则就返回字母的位置。我们真正关心的是字母是不是存在，所以只需要检查结果是否为 -1。

到目前为止，每次 processGuess 被调用时都不会发生什么，下面我们可以稍作改动，让它把猜过的字符放到 guessed_letters 中，修改后的内容如下。

```
def processGuess(guess, word):
    global guessTimes
    global guessedLetters
    guessTimes = guessTimes  - 1
    guessedLetters  = guessedLetters  + guess
    return False
```

此时，如果我们运行程序，得到的结果应该是以下的样式。

```
---
Guess Times Remaining: 14
 Guess a letter?c
c--
Guess Times Remaining: 13
 Guess a letter?a
ca-
Guess Times Remaining: 12
 Guess a letter?
```

程序开始时会通过符号“-”告诉我们 Python 选中的单词有几个字母，同时会告诉我们还有多少次猜词的机会，然后等待玩家输入所猜的字母。如果猜对，对应的提示中就会把这个字母显示出来，而没有猜中的字母依然用符号“-”表示。

现在这个游戏看起来有点像样了。不过，processGuess 函数还需要完善，如果我们继续玩会发现，就算猜对了所有字母，游戏依然没有结束，猜词的次数还是会一次一次地减少，最后的结果依然是次数为零，游戏结束。所以 processGuess 函数需要添加的就是判断玩家是否猜对了单词的程序，修改后的内容如下。

```
def processGuess(guess, word):
    global guessTimes
    global guessedLetters
    guessTimes = guessTimes  - 1
    guessedLetters  = guessedLetters  + guess

    for letter in word:
       if guessedLetters.find(letter) == -1:
           return False
    return True
```

如果对比之前的函数代码就能发现，修改的部分就是最后返回 False 的部分，之前的代码不管前面执行的结果如何，都是返回 False；而现在我们会用 for 循环判断 Python 所选中的单词中每一个字母是不是都出现在所猜单词的变量 guessedLetters 中，注意这里没有判断整个单词是不是与某个单词一致，而只是判断了所包含的字母，因为如果所选单词中每一个字母我们都能猜到，也就猜出了这个单词，可以解决单词中出现重复字母的问题。此时函数返回 True，游戏提示玩家胜利，游戏结束。

这样，整个猜词游戏就完成了。为方便起见，下面列出整个代码。

```
import random

words = ['chicken', 'dog', 'cat', 'mouse', 'frog']
guessTimes = 14
guessedLetters = ""

def pickWord():
    return random.choice(words)

def play():
    word = pickWord()
    while True:
        guess = getGuess(word)
        if processGuess(guess, word):
            print('You win!')
            break
```

```
        if guessTimes == 0:
            print('Game over!')
            print('The word was: ' + word)
            break

def getGuess(word):
    printWordWithBlanks(word)
    print('Guess Times Remaining: ' + str(guessTimes))
    guess = raw_input(' Guess a letter?')
    return guess

def processGuess(guess, word):
    global guessTimes
    global guessedLetters
    guessTimes = guessTimes  - 1
    guessedLetters  = guessedLetters  + guess

    for letter in word:
       if guessedLetters.find(letter) == -1:
           return False
    return True

def printWordWithBlanks(word):
    displayWord = ""
    for letter in word:
            if guessedLetters.find(letter) > -1:
                # letter found
                displayWord = displayWord + letter
            else:
                # letter not found
                displayWord = displayWord + '-'
    print displayWord

play()
```

游戏运行时显示的内容应该是以下形式。

```
-------
Guess Times Remaining: 14
 Guess a letter?c
c--c---
Guess Times Remaining: 13
 Guess a letter?h
ch-c---
Guess Times Remaining: 12
 Guess a letter?e
ch-c-e-
Guess Times Remaining: 11
```

```
 Guess a letter?n
ch-c-en
Guess Times Remaining: 10
 Guess a letter?k
ch-cken
Guess Times Remaining: 9
 Guess a letter?e
ch-cken
Guess Times Remaining: 8
 Guess a letter?i
You win!
>>>
```

这个游戏还有一些局限性，就是它区分大小写，所以你需要输入小写字符，就像 word 数组中保存的单词一样。作为练习，你可以尝试自己解决这些问题（提示：对于大小写的问题，可以试试内部函数 lower）。

2.5 字典

起初，当你想访问你的数据时，列表是个很好的选择，不过当有大量的数据需要查询时（比如寻找一个特定的条目），这种方法就会变得缓慢而低效。这有点像在一本没有索引或目录的书中寻找一个你想要找的片段，你需要阅读整本书才可能找到。

在 Python 当中提供一种称为字典的数据结构。当你想直接找到你感兴趣的内容时，字典提供了一种更为有效的方式来访问数据结构。字典是一种通过名字或者关键字引用的数据结构，其键可以是数字、字符串，这种结构类型也称为映射。当使用字典时，你会为想找的值设定一个关键字。每当你想找这个值时，使用这个关键字查询就可以了。这有点像变量名和变量的值；不过，在字典中不同的是，关键字和对应的值只有在程序运行时才会被创建。

字典的每个键值对用冒号分割，键值对之间用逗号分割，整个字典包括在大括号中，我们来看看以下这个例子。

```
>>> score = {'Penny': 70, 'Amy': 60, 'Nille': 80}
>>> score['Penny']
70
>>> score['Penny'] = 50
>>> score
{'Amy': 60, 'Nille': 80, 'Penny': 50}
>>>
```

这个例子记录了目前每个人的分数。这里人的名字和分数相关联，当我们想要检索其中一个人的分数时，在方括号中使用这个名字就可以了，注意这里不像列表中使用的是数字。我们可以使用相同的语法来修改其中的值。

你可能注意到了，当字典被打印时，其中的内容不是按照定义时的顺序排列的，也就是说，字典不会按照定义时的顺序排列。还要注意的是，虽然我们使用字符串作为关键字，用数字作为对应的值，但是关键字可以是字符串、数字或是元组（见下一节），而对应的值也可以是任何内容，包括列表或是另一个字典。

2.6 元组

2.6.1 元组的定义

乍一看，元组很像列表，不过没有方括号。定义和使用元组的形式如下。

```
>>> tuple = 1, 2, 3
>>> tuple
(1, 2, 3)
>>> tuple[0]
1
```

但是，如果我们试着改变元组中的元素，则将会得到一个错误提示信息，就像这样：

```
>>> tuple[0] = 6
Traceback (most recent call last):
  File "<stdin>", line 1, in <module>
TypeError: 'tuple' object does not support item assignment
```

出现错误提示信息的原因是元组不能修改。那么，如果元组无法修改，什么情况下需要使用它呢？其实元组提供了一个很有效的方式来创建一个内容的临时集合。Python 允许你使用元组来进行一些巧妙的操作，比如以下两小节内容。

2.6.2 多重赋值

如果要给变量赋值，你只能用“=”号，如下。

```
a = 1
```

Python 还允许你在同一行中完成多个赋值，如下。

```
>>> a, b, c = 1, 2, 3
>>> a
1
>>> b
2
>>> c
3
```

2.6.3 多返回值

有时在函数中，你需要一次返回多个值。举例来说，设想一个函数在获取一个数字的列表之后，要返回最大值和最小值，则示例如下。

```
def stats(numbers):
    numbers.sort()
    return (numbers[0], numbers[-1])

list = [5, 45, 12, 1, 78]
min, max = stats(list)
print(min)
print(max)
```

用这个方法寻找最大值和最小值并不是很有效，不过这只是一个简单的例子。我们把列表排序之后获取第一个数字和最后一个数字。注意 [- 1] 返回的是最后一个数字，因为当你给数组或字符串提供一个负数来索引时，Python 会从列表或字符串的最后往前数。因此，位置 - 1 对应最后一个元素，而 - 2 对应倒数第 2 个元素，依此类推。

2.7 异常

Python 使用异常来标注程序中出错的地方。当你的程序运行时，难免会出现几个错误。比如你试图访问一个列表或字符串允许范围以外的元素，举例如下。

```
>>> list = [1, 2, 3, 4]
>>> list[4]
Traceback (most recent call last):
  File "<stdin>", line 1, in <module>
IndexError: list index out of range
```

这个问题我们之前见过，这样的提示信息能够帮助我们尽快地定位问题的位置，不过，Python 提供了一个错误拦截机制，允许我们用自己的方式处理它们。形式如下。

```
try:
    list = [1, 2, 3, 4]
    list[4]
except IndexError:
    print('something wrong！ ')
```

当我们将列表的操作放在 try 结构中时，如果程序没有问题，那么就会正常运行；如果程序有问题，那么会跳到 except IndexError 的部分，在这里可以按照我们编写的程序来处理错误提示信息。比如上面的程序中就是输出“something wrong！ ”的信息。我们分别尝试正确和错误操作列表的形式，则对应的输出如下。

```
>>> list = [1,2,3,4]
>>> try:
        list[3]
except IndexError:
        print('something wrong!')


4
>>> try:
        list[4]
except IndexError:
        print('something wrong!')


something wrong!
>>>
```

下一章我们会继续介绍异常的内容，这样你将会学到多种不同的错误捕获机制。

2.8 函数汇总

我希望本章能让大家尽可能快地了解 Python 最重要的特性，所以，根据需要做了一些取舍。最后，我们在本节对前面涉及的函数做一个汇总，希望能够在大家编程时提供帮助。

2.8.1 数字

表 2.2 展示了使用数字时常用的一些函数。

表 2.2 数字函数

函数	描述	示例
abs(x)	返回绝对值（去掉 - 号）	>>>abs(-12.3) 12.3
bin(x)	转换为二进制	>>> bin(23) '0b10111'
complex(r,i)	用实数和虚数创建一个复数，用在科学和工程中	>>> complex(2,3) (2+3j)
hex(x)	转换为十六进制	>>> hex(255) '0xff'
oct(x)	转换为八进制	>>> oct(9) '0o11'
round(x, n)	将 x 约到 n 位小数	>>> round(1.111111, 2) 1.11
math.factorial(n)	阶乘函数（如 4 × 3 × 2 × 1）	>>> math.factorial(4) 24
math.log(x)	自然对数	>>> math.log(10) 2.30 2585092994046

续表

函数	描述	示例
math.pow(x，y)	x 的 y 次幂（或者使用 x ** y）	>>> math.pow(2，8) 256.0
math.sqrt(x)	平方根	>>> math.sqrt(16) 4.0
math.sin，cos，tan，asin，acos，atan	三角函数	>>> math.sin(math.pi/ 2) 1.0

2.8.2 字符串

字符串一般被单引号或双引号包裹着。如果你的字符串本身就有单引号，就必须使用双引号，比如：

```
s = "Its 6 o'clock"
```

在有些情况下，你可能希望在字符串中包含一些特殊字符，比如行尾符和制表符，这时，你需要用到转义字符，它是以反斜杠（\）开始的字符。以下只是几个你常用的转义字符。

- \t 制表符
- \n 换行符

表 2.3 展示了使用字符串时常用的一些函数。

表 2.3 字符串函数

函数	描述	示例
s.capitalize()	首字母大写，剩下的字母小写	>>> 'aBc'.capitalize() 'Abc'
s.center(width)	用空格来填充字符串，使其在指定的宽度内居中。包含一个可选的额外的参数，可用来指定填充的字符	>>> 'abc'.center(10，'-') '---abc----'
s.endswith(str)	如果字符串结尾相等，则返回 True	>>> 'abcdef'.endswith('def') True
s.find(str)	返回参数字符串的位置。包含一个可选的额外参数，用来指定起始位置和结束位置，限制搜索的范围	>>> 'abcdef'.find('de') 3
s.format(args)	使用有 { } 标记的模块格式化字符串	>>> "Its {0} pm".format('12') "Its 12 pm"
s.isalnum()	如果字符串中所有的字符都是字母或数字，就返回 True	>>> '123abc'.isalnum() True
s.isalpha()	如果字符串中所有的字符都是按字母表排序的，就返回 True	>>> '123abc'.isalpha() False

续表

函数	描述	示例
s.isspace()	如果字符是空格、制表符或其他空白的字符，就返回 True	>>> ' \t'.isspace() True
s.ljust(width)	与 center() 类似，只是字符串位置是左对齐	>>> 'abc'.ljust(10, '-') 'abc-------'
s.lower()	将字符串转换成小写的	>>> 'AbCdE'.lower() 'abcde'
s.replace(old, new)	将字符串中的 old 全部替换成 new	>>> 'hello world'. replace('world', 'there') 'hello there'
s.split()	返回字符串中所有单词的列表，单词之间以空格分割。包含一个可选的额外参数，用来指定分割的字符。行尾符（\n）是常用的选择	>>> 'abc def'.split() ['abc', 'def']
s.splitlines()	按换行符分割字符串	
s.strip()	去掉字符串两端的空格	>>> ' a b '.strip() 'a b'
s.upper()	与 lower() 相反，把字符串转换成大写的	

2.8.3 列表

我们已经看到了大多数与列表相关的函数，表 2.4 是它们的一个总结。

表 2.4 列表函数

函数	描述	示例

del(a[i:j])	移除数组中的元素，从 i 到 j-1	>>> a = ['a', 'b', 'c']
		>>> del(a[1:2])
		>>> a
		['a', 'c']

a.append(x)	在列表最后增加一个元素	>>> a = ['a', 'b', 'c']
		>>> a.append('d')
		>>> a
		['a', 'b', 'c', 'd']

a.count(x)	计算某元素出现的次数	>>> a = ['a', 'b', 'a']
		>>> a.count('a')
		2

a.index(x)	返回 a 中 x 第一次出现的位置，可选参数能够设定开始或结束的位置	>>> a = ['a', 'b', 'c']
		>>> a.index('b')
		1

a.insert(i, x)	在列表中的 i 位置插入 x	>>> a = ['a', 'c']
		>>> a.insert(1, 'b')
		>>> a
		['a', 'b', 'c']

续表

函数	描述	示例

a.pop()	返回列表中最后一个元素，同时将其移除。可选参数能让你指定显示和移除的位置	>>> ['a', 'b', 'c']
		>>> a.pop(1)
		'b'
		>>> a
		['a', 'c']

a.remove(x)	移除指定的元素	>>> a = ['a', 'b', 'c']
		>>> a.remove('c')
		>>> a
		['a', 'b']

a.reverse()	逆向列表	>>> a = ['a', 'b', 'c']
		>>> a.reverse()
		>>> a
		['c', 'b', 'a']

a.sort()	给列表排序，给目标排序时有高级选项。下一章会有详细介绍	

2.8.4 字典

表 2.5 列举了一些字典方面你需要知道的函数。

表 2.5 字典函数

函数	描述	示例

len(d)	返回字典中关键字对应的值	>>> d = {'a':1, 'b':2}
		>>> len(d)
		2

del(d[key])	从字典中删除关键字对应的项	>>> d = {'a':1, 'b':2}
		>>> del(d['a'])
		>>> d
		{'b': 2}

key in d	如果字典中（d）项包含关键字则返回 True	>>> d = {'a':1, 'b':2}
		>>> 'a' in d
		True

d.clear()	从字典中移除所有内容	>>> d = {'a':1, 'b':2}
		>>> d.clear()
		>>> d
		{}

get(key,default)	返回关键字对应的值，如果字典中没有这个关键字则返回 default	>>> d = {'a':1, 'b':2}
		>>> d.get('c', 'c')
		'c'

2.8.5 类型转换

我们可能想把一个数字转换成字符串，好接在另一个字符串后面，前面已经接触过这种情况了。Python 包含了一些类型转换的内部函数，详见表 2.6。

表 2.6 类型转换函数

函数	描述	示例

float(x)	将 x 转换成浮点小数	>>> float('12.34')
		12.34
		>>> float(12)
		12.0

int(x)	可选的参数能够指定转换的数学进制	>>> int(12.34)
		12
		>>> int('FF', 16)
		255

list(x)	将 x 转换为列表，这种方法也是获取字典关键字的好方法	>>> list('abc')
		['a', 'b', 'c']
		>>> d = {'a':1, 'b':2}
		>>> list(d)
		['a', 'b']

类库和方法

这一章，我们将讨论如何制作并使用自己的类库，就像第一章中我们使用的 random 库。我们还会讨论 Python 如何实现面向对象，在程序中构建类，然后让它们各负其责。这有助于在复杂的程序中进行检查，让程序更易于管理。

3.1 库

很多计算机语言都有库的概念，这允许你创建一个函数的组，这样可以方便其他人使用，也方便自己将其应用在不同的项目中。

Python 中创建这种函数的组非常容易和简洁。从本质上说，任何 Python 代码的文件都可以当作同名的库来使用。不过，在我们开始写自己的库之前，先来看看如何使用 Python 中已安装的库。

3.1.1 使用 random 库

在使用 random 库之前，我们需要这样做：

```
>>> import random
>>> random.randint(1, 6)
6
```

这里首先要通过使用 import 命令来告诉 Python 我们想使用 random 库。在安装的 Python 中有一个叫作 random.py 的文件，其中包含了 randint 和 choice 等函数。

这么多可用的库，库当中肯定有同名的函数，Python 如何知道使用的是哪个库中的函数呢？对于这种情况，Python 会要求我们在函数之前加上库的名字，并将两者用一个点连接起来。如果没有在函数之前使用库的名字并加上一个点，所有的函数都是无效的。我们可以试着像这样删掉模块名：

```
>>> import random
>>> randint(1, 6)
Traceback (most recent call last):
  File "<stdin>", line 1, in <module>
NameError: name 'randint' is not defined
```

这样就不存在不知道应该用哪个库文件中的函数的问题了，不过，要是在每次使用函数前都加上库的名字和一个点，就太麻烦了。幸运的是，我们可以通过在 import 命令后添加一点内容来让这件事变得简单一点。

```
>>> import random as r
>>> r.randint(1,6)
2
```

在上面的代码中，我们通过 as 给使用的库起了一个缩写的名字，即用 r 代替了 random，这样我们在程序中输入 r 时，Python 就知道我们写的是 random，我们在输入程序时就能够少输入一些内容了。

如果你确定你使用的库中的函数不会与你的程序有任何冲突，那么可以再进一步，如下:

```
>>> from random import randint
>>> randint(1, 6)
5
```

这样再使用对应的函数时就不用再输入库的名字了。你甚至可以一次性从模块中导入所有函数，不过除非你确定模块中都包含了什么函数，否则，一般不建议你这样操作。不过这里还是要说一下如何实现。

```
>>> from random import *
>>> randint(1, 6)
2
```

符号 * 表示所有函数。

3.1.2 使用 Python 标准库

我们已经使用了 random 模块，不过在 Python 中还包含了很多其他的模块。这些模块常被称为 Python 的标准库。整个库的清单中包含了很多函数，你可以在 Python 官方网站上找到 Python 库的完整清单。以下是几个常用的库。

- string：字符串工具。
- datetime：用来操作日期和时间。
- math：数学函数（sin、cos 等）。
- pickle：用来存储和恢复文件的数据结构。
- urllib.request：用来读取网页。
- tkinter：用来创建图形化用户界面。

3.2 面向对象

面向对象是最有效的软件编程方式之一。在面向对象的编程中，你要编写一个抽象化事物的类，并基于类来创建对象，而每个对象都具有类的相同属性和方法。类与库有很多共同点，它们都将相关的内容整合成一个组，从而方便管理和查找。就像名字中描述的，面向对象编程是关于对象的。我们已经无形中用过对象很多次了，比如，字符串就是一个对象，因此，当我们输入以下内容时，是要告诉字符串 'abc'，我们想把它全部变为大写的。

```
>>> 'abc'.upper()
```

在面向对象编程中，abc 是一个内部 str 类的实例，而 upper 是 str 类中的一个方法。

事实上，我们可以通过 __class__ 方法知道一个对象属于哪个类，如下所示（注意单词 class 前后是双下划线）。

```
>>> 'abc'.__class__
<class 'str'>
>>> [1].__class__
<class 'list'>
>>> 12.34.__class__
<class 'float'>
```

3.3 定义类

大致了解了类的定义之后，我们来定义一些自己的类。本节将创建一个能够通过缩放因子换算单位的类。

我们将给这个类取一个贴切的名字：ScaleConverter。以下是这个类的全部代码，以及额外的几行测试代码。

```
class ScaleConverter:
        def __init__(self, units_from, units_to, factor):
               self.units_from = units_from
               self.units_to = units_to
               self.factor = factor

        def description(self):
                return 'Convert ' + self.units_from + ' to ' + self.units_to

        def convert(self, value):
               return value * self.factor

c1 = ScaleConverter('inches', 'mm', 25)
```

```
print(c1.description())
print('converting 2 inches')
print(str(c1.convert(2)) + c1.units_to)
```

这里需要简单解释一下，第一行是比较容易理解的：它指出了我们准备开始定义一个叫作 ScaleConverter 的类。最后的冒号（:）表示后面的都是类的定义部分，直到缩进再次回到最左边为止。

在 ScaleConverter 中，我们能够看到好像有 3 个函数定义。这些函数都属于这个类，除非通过类的实例化对象使用，否则这些函数是不能使用的。这种属于类的函数叫作方法。

第一个方法 __init__ 看起来有点奇怪，它的名字两端各有两条下划线。当 Python 创建一个类的新实例化对象时，会自动执行这个 __init__ 方法。__init__ 中参数的数量取决于这个类实例化时需要提供多少个参数。对此，我们需要看一下文件结尾处的这一行。

```
c1 = ScaleConverter('inches', 'mm', 25)
```

这一行创建了一个 ScaleConverter 的实例化对象，指定了要将什么单位转换成什么单位，以及转换的缩放因子。__init__ 方法必须包含所有的参数，而且必须把 self 作为第一个参数。

```
def __init__(self, units_from, units_to, factor):
```

参数 self 指的是对象本身。现在让我们看看 __init__ 方法中的内容，如下。

```
        self.units_from = units_from
        self.units_to = units_to
        self.factor = factor
```

其中每一句都会创建一个属于对象的变量，这些变量的初始值都是通过参数传递到 __init__ 内部的。

总体来说，当我们输入如下的内容创建一个 ScaleConverter 的新对象时，Python 会将 ScaleConverter 实例化，同时将 'inches' 'mm' 和 25 赋值给 self.units_from、self.units_to 和 self.factor 这 3 个变量。

```
c1 = ScaleConverter('inches', 'mm', 25)
```

当讨论类时常会使用“封装”这个词。类的主要工作就是把与类相关的一切封装起来，这包含存储数据（比如这 3 个变量）以及 description、convert 这样的对数据的操作方法。

第一个 description 会获取转换的单位并创建一个字符串来表述这个转换。像 __init__ 一样，所有的方法必须把 self 作为第一个参数。这个方法可能需要访问属于类的数据。

请自己尝试一下上面这段程序，在 IDLE 中输入如下代码。

```
>>> silly_converter = ScaleConverter('apples', 'grapes', 74)
>>> silly_converter.description()
'Convert apples to grapes'
```

convert 方法有两个参数：必须有的 self 参数和叫作 value 的参数。这个方法只是简单地返回 value 乘以 self.faxtor 的数值。

```
>>> silly_converter.convert(3)
222
```

3.4 继承

ScaleConverter 类对于长度这样的单位的转换是适合的，但是，对于像摄氏度（℃）到华氏度（℉）这样的温度转换就不适合了。公式 $t_F = t_C \times 1.8+32$ 说明这里除了需要缩放因子（1.8）之外，还需要一个偏移量（32）。

让我们创建一个叫作 ScaleAndOffsetConverter 的类，这个类很像 ScaleConverter，只是除了 factor 之外还需要 offset。有一种简单的方法是复制整个 ScaleConverter 的代码，然后稍作修改，增加一个外部的变量。修改之后的代码如下。

```
class ScaleAndOffsetConverter:
        def __init__(self, units_from, units_to, factor, offset):
                self.units_from = units_from
                self.units_to = units_to
                self.factor = factor
                self.offset = offset

        def description(self):
                return 'Convert ' + self.units_from + ' to ' + self.units_to

        def convert(self, value):
                return value * self.factor + self.offset

c2 = ScaleAndOffsetConverter('C', 'F', 1.8, 32)
print(c2.description())
print('converting 20C')
print(str(c2.convert(20)) + c2.units_to)
```

假如我们希望在程序中包含这两个换算器，那么这个笨方法倒是可行的。之所以说这是笨方法，是因为其中有重复的代码。description 方法是完全一样的，__init__ 也差不多一样。而另外一种更好的方式叫作“继承”。

类的继承意味着当你想针对已存在的类再创建一个新的类时，将会继承父类的所有方法和变量，而你只需要新增或重写不同的部分即可。ScaleAndOffsetConverter 类是从

ScaleConverter 类继承而来的，增加了新变量（offset），重写了 convert 方法（因为运行起来有些不同）。

以下是使用继承的方式来实现的 ScaleAndOffsetConverter 类的定义。

```
class ScaleAndOffsetConverter(ScaleConverter):

    def __init__(self, units_from, units_to, factor, offset):
        ScaleConverter.__init__(self, units_from, units_to, factor)
        self.offset = offset

    def convert(self, value):
        return value * self.factor + self.offset
```

首先要注意在类的定义中，ScaleAndOffsetConverter 之后的括号中是 ScaleConverter，告诉你如何区分类中的父类。

ScaleConverter 子类中的 __init__ 方法会先调用 ScaleConverter 中的 __init__ 方法，然后才定义新变量 offset。而 Convert 方法将会覆盖父类中的 convert 方法，因为我们需要给这种换算器增加一个偏移量。你可以运行修改后的程序来看看两个类一起工作是什么效果。

```
>>> c1 = ScaleConverter('inches', 'mm', 25)
>>> print(c1.description())
Convert inches to mm
>>> print('converting 2 inches')
converting 2 inches
>>> print(str(c1.convert(2)) + c1.units_to)
50mm
>>> c2 = ScaleAndOffsetConverter('C', 'F', 1.8, 32)
>>> print(c2.description())
Convert C to F
>>> print('converting 20C')
converting 20C
>>> print(str(c2.convert(20)) + c2.units_to)
68.0F
```

这是一个很简单的换算小程序，我们将这两个类放在一个模块中，这样就能在其他程序中使用了。

要想把这个文件转换为库，我们首先要把代码测试一遍，然后给文件起一个便于理解的名字，这里就叫它 converters.py 吧。这个库文件必须与其他你想用的程序在同一个目录下。

要使用该模块时，只要按照以下的方式操作就可以了。

```
>>> import converters
>>> c1 = converters.ScaleConverter('inches', 'mm', 25)
```

```
>>> print(c1.description())
Convert inches to mm
>>> print('converting 2 inches')
converting 2 inches
>>> print(str(c1.convert(2)) + c1.units_to)
50mm
```

Python 中有很多库可用，其中还有一些是专门用于 Raspberry Pi（树莓派）的，比如用于控制 Raspberry Pi GPIO 的 RPi.GPIO 库。随着你写的程序越来越复杂，你会发现面向对象编程的优势会越来越明显，它会方便你管理项目。

3.5 文件

使用类库能够让我们的代码更加优化，不过当你的 Python 程序运行结束时，任何变量中的数值都会丢失。而文件提供了一种永久保存数据的方法。Python 能让你非常方便地使用文件并连接网络。你能够通过程序从文件中读取数据，往文件中写入数据，还能从网络获取内容，甚至可以查看邮件。

3.5.1 读取文件

用 Python 编程读取文件内容非常容易。举个例子，我们可以修改一下第 2 章中的猜词游戏，将程序中固定的单词列表变为从文件中读取单词列表。

首先，在 IDLE 中打开一个新文件并输入一些单词，每个单词一行。然后将文件保存为 guessWord.txt，注意这个文件要放在游戏程序的相同目录下，同时要注意在保存对话框中将文件类型变为 .txt，如图 3.1 所示。

■ 图 3.1　将文件保存为 guessWord.txt

在修改猜词游戏程序之前，我们先尝试在 Python 控制台中读取这个文件。在控制台中输入如下内容。

```
>>> f = open('guessWord.txt')
```

接下来在 Python 控制台中输入以下内容。

```
>>> words = f.read()
>>> words
'chicken\ndog\ncat\nmouse\nfrog\nhorse\npig\ntiger\n'
>>> words.splitlines()
['chicken', 'dog', 'cat', 'mouse', 'frog', 'horse', 'pig', 'tiger']
>>>
```

注意上面当我们直接输出变量 words 时，所有单词都是通过换行符 \n 连在一起的，后面我们又通过函数 splitlines 将这些内容分割成了一个单词的列表。此时你就完成了文件的读取，是不是感觉很容易？我们要做的就是把文件添加到猜词游戏的程序中，将下面这一行：

```
words = ['chicken', 'dog', 'cat', 'mouse', 'frog']
```

替换为：

```
f = open('guessWord.txt')
words = f.read().splitlines()
f.close()
```

f.close() 这一行是需要添加的，当你操作完文件，将资源释放给操作系统时，应该常会调用 close 命令。一直打开一个文件可能会出现问题。

这样在猜词游戏的程序中就没有了单词的列表，所有我们要猜的单词都存放在了文件 guessWord 当中，如果我们希望替换所猜的单词，只需要修改这个 txt 文件就可以了。不过这个程序没有检查要读取的文件是否存在，所以，如果文件不存在，我们会得到如下所示的错误提示信息。

```
Traceback (most recent call last):
  File "hello.py", line 4, in <module>
    f = open('guessWord.txt')
IOError: [Errno 2] No such file or directory: 'guessWord.txt'
```

为了让使用者感觉友好一些，我们最好把读取文件的代码放在 try 当中，如下。

```
try:
       f = open('guessWord.txt')
       words = f.read().splitlines()
       f.close()
```

```
except IOError:
      print("Cannot find file 'guessWord.txt'")
      exit()
```

这样，Python 就会尝试打开文件，如果文件不存在或丢失，就无法打开文件了，因此，except 部分的程序就会运行，将出现一个友好的信息告诉玩家没有找到文件。因为如果没有单词列表提供单词来猜的话，我们什么也干不了，也就没什么需要继续的了，所以使用 exit 命令来退出程序。

3.5.2　读取大文件

上一节中读取只包含几个单词的小文件是没有问题的，不过，如果我们要读取一个很大的文件（比如有几 MB 大），将会有两件事发生：第一，Python 会花费大量的时间读取所有的数据；第二，因为一次性读入所有数据，会占用至少与文件大小相等的内存空间，如果文件特别大，可能会造成内存空间耗尽。

如果你发现自己正在读取一个大文件，就需要考虑一下如何处理它了。比如，如果你要在文件中查找一段特殊的字符串，可以每次只读一行，就像以下这样。

```
try:
      f = open('guessWord.txt')
      line = f.readline()
      while line != '':
            if line == 'tiger\n':
                  print('There is an tiger in the file')
                  break
            line = f.readline()
      f.close()
except IOError:
      print("Cannot find file  'guessWord.txt'" )
```

如果函数 readline 读到的是文件的最后一行，将返回一个空字符串 ('')，否则将返回这一行的内容，包括行尾符 (\n)。如果它读到的是两行之间的空行而不是文件的最后一行，那么将只返回一个行尾符 (\n)。如果程序一次只读一行，只占用保存一行数据的内存空间，内存空间就够用了。

如果文件无法分成合适的行，你可以设定一个参数来限定读取的字符数。比如，以下的代码将只读取文件中最开始的 20 个字符。

```
>>> f = open("guessWord.txt")
>>> f.read(20)
'chicken\ndog\ncat\nmous'
>>> f.close()
>>>
```

3.5.3 写入文件

在 Python 中写入文件也非常简单。打开文件时，除了能够指定打开的文件名，还能指定打开文件的模式。模式一般都用字符来表示，如果没有指定模式，一般默认为 r 模式。模式的详细分类如下。

- r（读）：读取文件内容。
- w（写）：替换已经存在的文件内容。
- a（附加）：在文件末尾添加内容。
- r+：以读取和写入的模式打开文件（不常用）。

要想写入文件，你需要在打开文件时将‘w’‘a’或‘r+’作为第二参数，举例如下。

```
>>> f = open('test.txt', 'w')
>>> f.write('This file is not empty')
>>> f.close()
```

3.5.4 文件系统操作

有时候，你需要对文件进行一些文件系统类型的操作（如复制、移动等），在 Python 要使用命令行的形式进行操作。这里很多函数都在 shutil 库中，基本的复制、移动、文件权限处理和元数据处理等的使用方法与操作系统中的命令相比都有一些微妙的变化。这一节中，我们只进行基本的操作。你可以参考 Python 的官方文档来查找更多函数的使用方法。

以下是如何复制文件。

```
>>> import shutil
>>> shutil.copy('test.txt', 'test_copy.txt')
```

要改变文件名或把文件移动到其他目录下，可以这样操作：

```
shutil.move('test_copy.txt', 'test_dup.txt')
```

这对文件和目录都适用，如果你想复制整个文件夹，包括所有的目录和目录下的内容，可以使用 copytree 函数。另外，你还可以使用较为危险的 rmtree 函数，这个函数会删除原来的目录及其中的所有内容，所以使用时一定要谨慎。

查找目录下文件的最好方式是使用 glob，glob 允许你通过特定的通配符（*）在目录中创建一个文件列表，举例如下。

```
>>> import glob
glob.glob('*.txt')
['guessWord.txt', 'test.txt', 'test_dup.txt']
```

如果你只是想知道文件夹中都有哪些文件，可以这样操作：

```
glob.glob('*')
```

3.6 侵蚀化

侵蚀化（Pickling）是指将变量的内容保存成文件，这样在稍后加载文件时就能得到原始的数据值。通常这样做是为了能够在运行程序时保存数据。比如，我们可以创建一个复杂的列表，其中包含了另一个列表和各种各样的其他数据对象，然后将其侵蚀化，放在一个叫作 mylist.pickle 的文件中，操作如下。

```
>>> mylist = ['a', 123, [4, 5, True]]
>>> mylist
['a', 123, [4, 5, True]]
>>> import pickle
>>> f = open('mylist.pickle', 'w')
>>> pickle.dump(mylist, f)
>>> f.close()
```

如果你找到这个文件，然后在编辑器中打开的话，会看到以下奇奇怪怪的内容。

```
(lp0
S'a'
p1
aI123
a(lp2
I4
aI5
aI01
aa.
```

我们能够想到，这是一个文本文件，不过是不可读的。要重新将侵蚀化的文件读取到项目中，你需要这样做：

```
>>> f = open('mylist.pickle')
>>> other_array = pickle.load(f)
>>> f.close()
>>> other_array
['a', 123, [4, 5, True]]
```

3.7 网络

很多应用程序都会通过各种方式使用网络，即使只是通过网络检查一下是否有新版本更新，然后提示用户注意。你可以发送 HTTP（Hypertext Transfer Protocol）请求来与网络服务器交互，网络服务器在收到信息之后会发送一串文本作为回复。这个文本是用 HTML（Hypertext Markup Language）创建的，网页都是用这种语言创建的。在 Python 中，我们使用 urllib2 这个组件来获取网页信息。urllib2 是 Python 的一个获取 URL（Uniform Resource Locator）的组件，它以 urlopen 函数的形式提供了一个非常简单的接口。

在 Python 控制台中输入以下代码。

```
>>> import urllib2
>>> u = 'http:// 亚马逊网址 /s/ref=nb_sb_noss?field-keywords=python'
>>> f = urllib2.urlopen(u)
>>> contents = f.read()
>>> print contents
……很多 HTML 内容
>>> f.close()
```

注意，你需要在打开 URL 之后尽快地执行 read 命令。这里我们会请求 Amazon 网站查找与“python”相关的内容。而从 Amazon 网页返回的 HTML 文件将会显示（如果你使用浏览器的话）查找结果的列表。

如果你仔细看一下网页的结构，就能够找到 Amazon 提供的 Python 相关产品的列表。这里我们所做的叫作网页抓取，这并不是理想的处理方式，原因有很多，首先是很多机构都不喜欢人们使用自动程序来抓取它们的网站。因此，你可能会收到警告，甚至某些网站会禁止你访问。

其次，这种操作很依赖网页的结构，网站上一点小小的改动就会让一切停止工作。比较好的方法是寻找网站的官方服务接口，相对于返回 HTML 文件，这些服务会返回更容易处理的数据，常见的有 XML 或 JSON 格式的数据。

如果你想进一步学习，可以在网上搜索“Regular Expressions in Python”（在 Python 中的正则表达式）。正则表达式的语言有自己的规则，它常被用来进行复杂的搜索和文本的验证。这种语言学习和使用起来不太容易，但是执行文本处理这样的任务却相当容易。

4 《Minecraft我的世界》

了解了以上关于 Python 的基础知识之后，从本章开始，我们就要进入《Minecraft 我的世界》的世界了。

4.1 《Minecraft 我的世界》是什么

《Minecraft 我的世界》大家可能都有一定了解了，它是一款风靡全世界的独立沙盒游戏（Sandbox Indie Game），以下简称《Minecraft》。该游戏以每一个玩家在三维空间中自由地创造和破坏不同种类的方块为主题。玩家在游戏中自由建设和破坏，像堆积木一样对元素进行组合与拼凑，轻而易举地就能制作出小木屋、城堡甚至城市。

《Minecraft》着重于让玩家去探索、交互。除了普通方块，环境功能还包括植物、生物与物品，甚至还包括能够完成逻辑运算与远程控制的红石电路。图 4.1 所示就是游戏画面。

■ 图 4.1 《Minecraft 我的世界》游戏画面

接下来的几章我们会通过 Python 在《Minecraft》中完成一个“剑球”游戏。“剑球”是我为这个游戏起的名字，因为在游戏中，玩家要手持铁剑来击打一个指定的方块，这个方块在被击打后会做相应的移动，这有点像玩曲棍球。玩曲棍球用的是前端弯曲的棍子，这里我们用的是剑，所以我管这个游戏叫“剑球”。“剑球”游戏的效果大致如图 4.2 所示。

这个展示效果中只有一个玩家，实际游戏时可以有多个玩家参与。玩家手持铁剑来击打前方的橙色方块。图 4.2 与图 4.1 有点不同，图 4.2 是第一人称视角的，这也是游戏时的视角；而图 4.1 是第三人称视角的，通常用来展示某些东西。下面就开始制作这个游戏吧。

■ 图 4.2 “剑球”游戏的效果

4.2 准备工作

上面我们说到图 4.2 是“剑球”游戏的大致效果图，加上“大致”两个字是因为这个游戏是在 Raspberry Pi 上完成的，而图 4.2 是一张 PC 版《Minecraft》的截图。最终的效果图可能有些许差异。

Raspberry Pi 就是一个运行着 Linux 操作系统的微型计算机。它自带 USB 接口，能够连接键盘和鼠标，还有 HDMI 接口，能够连接电视机或者显示器，输出视频信号。很多显示器只有 VGA 接口，然而 Raspberry Pi 不支持这个接口。不过如果你的显示器有 DVI，倒是可以配一个便宜的 HDMI 转 DVI 的适配器。

Raspberry Pi 是真正的计算机，能够运行办公软件，能够播放视频、运行游戏以及干计算机能干的其他事情。它运行的操作系统不是微软的 Windows，相反，是 Windows 的竞争对手——开源的 Linux（Debian Linux），而桌面环境被称为 LXDE。

之所以选择在 Raspberry Pi 上完成“剑球”游戏，是因为 Raspberry Pi 很好地集成了 Python 和《Minecraft》。整个游戏的后台程序都是用 Python 完成的，实现的功能包括击打事件处理、方块的移动等。

当然，这个游戏并不是必须要在 Raspberry Pi 完成，在 PC 上也可以完成，只是需要使用开源的《Minecraft》服务器 Bukkit 和 RaspberryJuice 插件。这部分内容这里就不再展开了。

我们的准备工作其实就是准备一个装好系统的 Raspberry Pi，我使用的硬件是 Raspberry Pi 3B。市面上介绍 Raspberry Pi 的书不少，这里对于它的使用方法就不详细介绍了。

4.3 欢迎来到《Minecraft 我的世界》

启动 Raspberry Pi 之后，你应该能够看到图 4.3 所示的界面。很多介绍 Raspberry Pi 的书都是从命令行的使用方法开始的，不过我感觉目前的 Raspberry Pi 系统启动后都显示图形化界面，使用起来和使用 Windows 系统差不多，就没必要再从命令行讲起了。

■ 图 4.3 Raspberry Pi 启动后的界面

在系统中，你要保证能够正常打开游戏菜单中的《Minecraft》以及编程菜单中的 Python 2（IDLE），如图 4.4 所示。

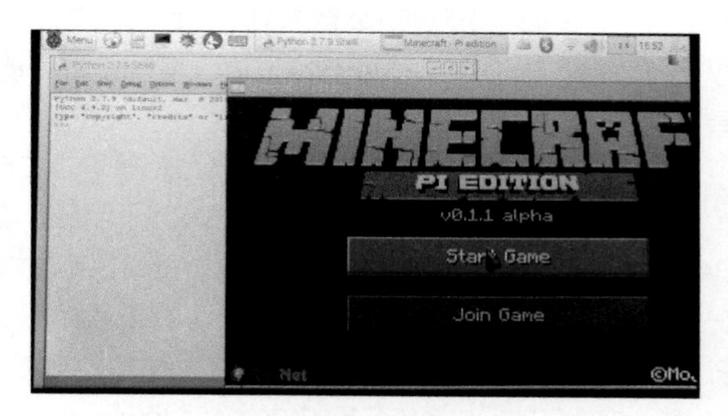

■ 图 4.4 打开 Python 和《Minecraft》之后的界面

这里 Python 2 的具体版本号为 Python 2.7.9。另外，在 Raspberry Pi 上，我们除了能看到 Python 2（IDLE），还能看到 Python 3（IDLE），之前我们说过 Python 2 和 Python 3 看起来很像，但是有些地方并不兼容，所以我们能够看到两个 Python 的 IDLE 工具，这里使用 Python 2.7 主要是因为 Python 2.7 对《Minecraft》的第三方插件的支持比较好。

以上操作都没问题的话，就可以开始 Python 编程了。

首先选中 Python 的软件，在“File”菜单中选择“New File”，新建一个空白文档，如图 4.5 所示。

接着在这个空白文档中输入以下代码，实现的功能是在《Minecraft》的界面中出现“welcome to nille's world”的文字。

```
import mcpi.minecraft as minecraft

mc = minecraft.Minecraft.create()

mc.postToChat("welcome to nille's world")
```

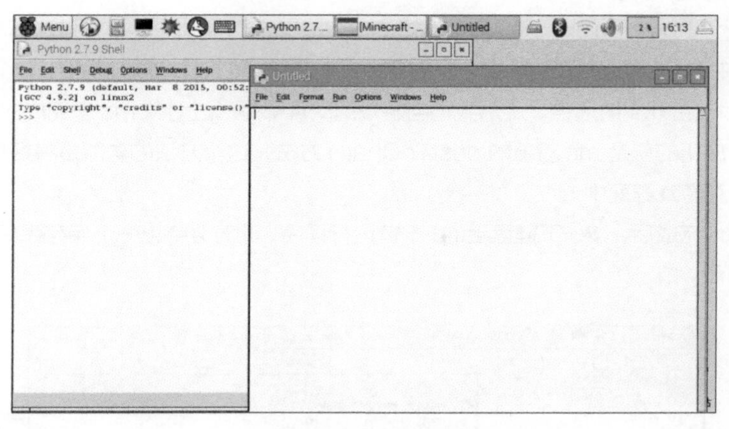

■ 图 4.5　新建空白文档

运行效果如图 4.6 所示，注意 Python 是大小写敏感的，所以要注意代码中的大小写。

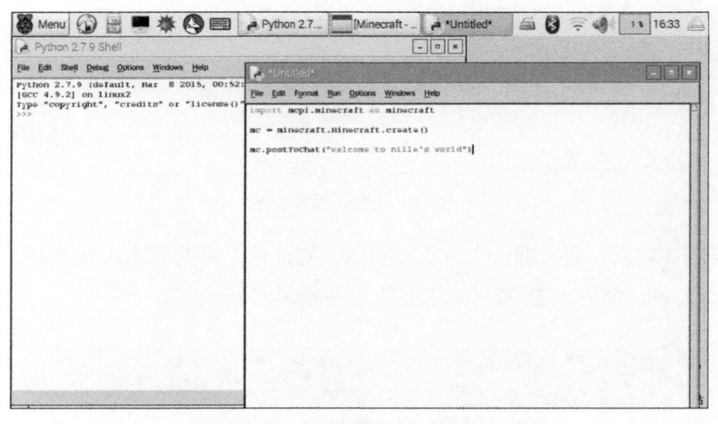

■ 图 4.6　完成第一段代码

在编辑器中，根据功能的不同，代码单词显示的颜色是不一样的。关键字是橙色的，普通的内容是黑色的，而字符串是绿色的。下面我们来简单解释一下上面的 3 行代码。

第一行“import mcpi.minecraft as minecraft”的作用是导入 minecraft 的库文件，由于操作《Minecraft》的这些模块或函数本身并没有包含在 Python 中，这个库文件是由第三方开发的，我们需要先将它们导入才能使用。

其实导入库文件应该写为“import mcpi.minecraft”，但考虑到 mcpi.minecraft 这段字符太长了，所以这里还使用了关键字 as，as 之后的内容可以理解为前面库文件名的一个小名，这样在程序中输入 minecraft 就相当于输入 mcpi.minecraft。如果还想省事的话，可以将第一行变为“import mcpi.minecraft as m”，这样我们输入 m 就可以调用 mcpi.minecraft 当中的方法了。不过这样要注意不要和其他的变量或库搞混了。

第二行“mc = minecraft.Minecraft.create()”实际上是利用 mcpi.minecraft.Minecraft 中的 create() 函数建立一个对象 mc，这样我们的程序才能够与一个运行着的《Minecraft》游戏实时通信。之后我们与游戏的交互都是通过对象 mc 来完成的。

第三行应用的就是 mc 对象的 postToChat() 方法，这个方法的功能是将括号中的字符串参数显示在游戏界面中。

代码输入完成后，按一下键盘上的 F5 键运行程序，此时会弹出一个保存代码的对话框，如图 4.7 所示。

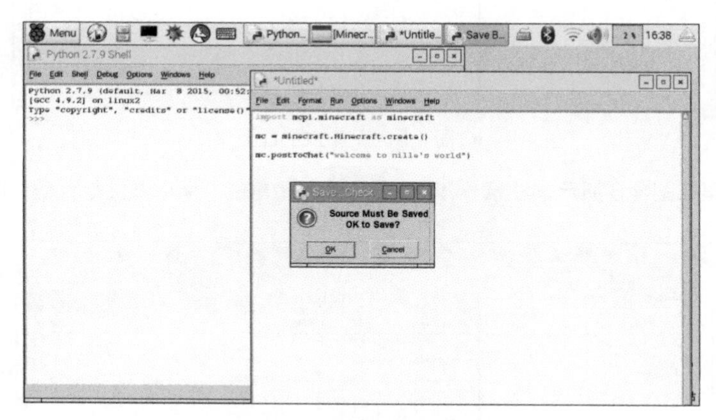

■ 图 4.7　提示保存文件

单击“OK”之后，会出现一个“Save As”对话框，需要你输入文件名，这里我的文件名叫 SwordBall，然后单击“Save 按钮”，如图 4.8 所示。

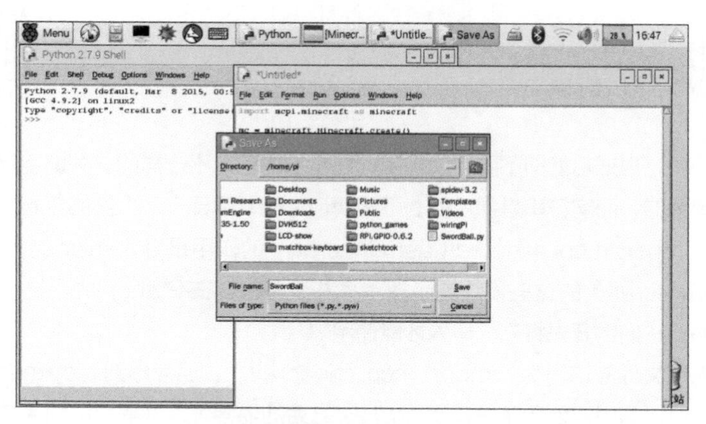

■ 图 4.8　将文件命名为 SwordBall

文件保存后会跳转到 Python 解释器窗口，同时在窗口中会显示一行夹在很多等号中间的 RESTART 提示字符，表示程序开始运行了，如图 4.9 所示。

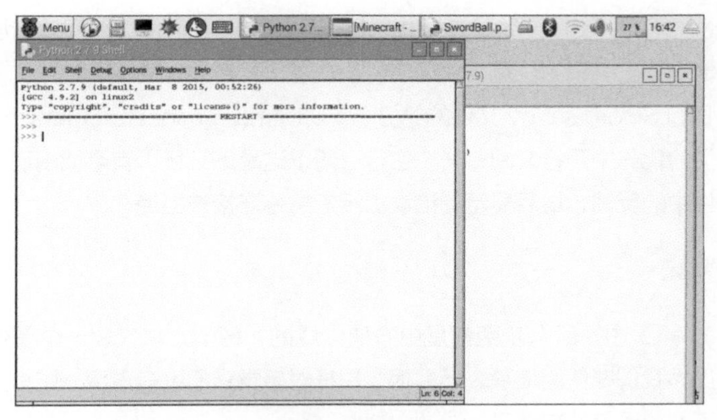

■ 图 4.9 开始运行程序

在《Minecraft》游戏中的运行效果如图 4.10 所示。

■ 图 4.10 在游戏中显示字符

这里要注意我们必须打开游戏再运行程序，否则程序就会因为无法与游戏建立连接而报错，如图 4.11 所示。

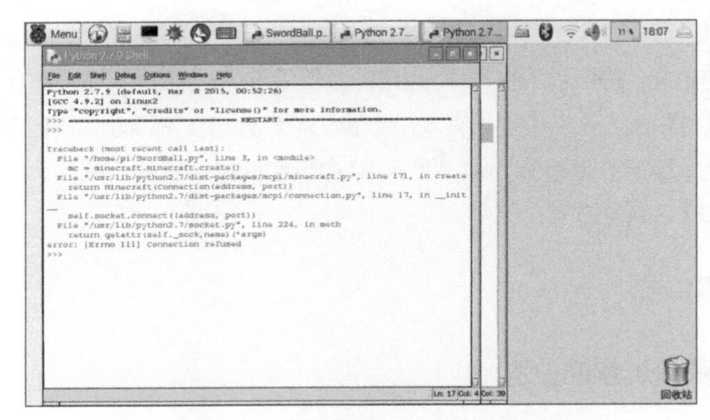

■ 图 4.11 无法与游戏建立连接的错误提示信息

当出现错误时，Python 会尽量告诉我们是哪里出了问题，仔细地阅读错误提示信息，我们能够更快地定位出问题的位置。

这里提示我们 SwordBall.py 文件的第 3 行，即“mc = minecraft.Minecraft.create()”这行（因为我们的代码中两行之间有一个空行，所以这是第三行）有可能出现了问题，同时还提示了库文件中的反馈，最后显示的错误提示信息是连接被拒绝。

4.4 位置坐标

在《Minecraft》中，所有东西都是由方块构成的，每个方块代表一个单位立方体，包括空气和水，虽然我们在使用地毯、压力板、栏杆时感觉它们没有占用一整个方块，但它们占用的位置也不能放置其他东西了。

所有的方块在这个世界中都有一个位置信息，由于《Minecraft》中的世界是三维的，所以对应的每个方块都有一个三维的坐标。本节我们要先来说一说《Minecraft》中的坐标系。

《Minecraft》中采用的是 x、y、z 三轴坐标系，具体指向如图 4.12 所示。

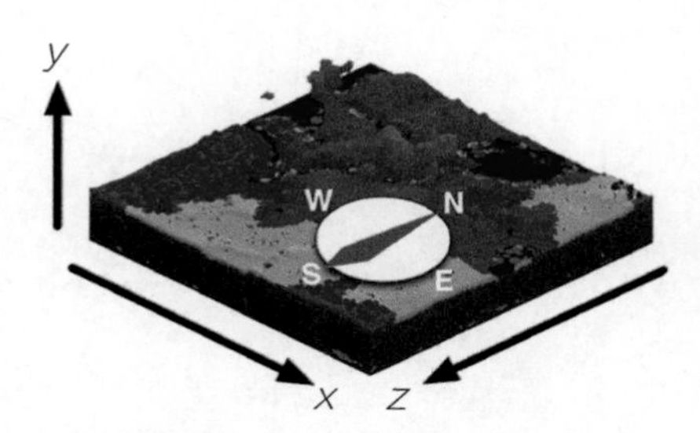

■ 图 4.12 《Minecraft》的坐标系

在游戏中，东西方向为 x 轴，越往东走，x 坐标的数值越大；越往西走，x 坐标的数值越小。上下方向为 y 轴，越往上，y 坐标的数值越大；越往下，y 坐标的数值越小。南北方向为 z 轴，越往南走，z 坐标的数值越大；越往北走，z 坐标的数值越小。这与现实世界中的坐标系有所不同，最大的区别是现实生活中上下方向为 z 轴。

东南西北的方向是基于太阳的升降确定的，但是在 Raspberry Pi 版的《Minecraft》中只有白天，没有黑夜，天空中也没有太阳，我们不好分辨东南西北，不过在游戏界面的左上角会实时地显示玩家的坐标值，比如图 4.10 中玩家的坐标就是 (59.5,5.0,− 52.3)。我们可以通过移动玩家来确定方向。

4.5 玩家的位置

4.5.1 获取玩家的位置

第 4.4 节中，我们通过查看游戏界面左上角位置能够得知玩家的位置（坐标），但这种方法并不适用于程序。那么如何用代码获取玩家的位置信息呢?

这就要用到函数 getTilePos() 了,在上面代码的后面添加这个函数,修改后的代码如下。

```
import mcpi.minecraft as minecraft

mc = minecraft.Minecraft.create()

mc.postToChat("welcome to nille's world")

pos = mc.player.getTilePos()

print(pos.x)
print(pos.y)
print(pos.z)
```

这里要注意，在函数 getTilePos() 之前需要输入 player，即 mc.player.getTilePos()，然后为了将这个坐标值显示出来，在代码中我还增加了 3 个 print() 函数，分别显示 *x*、*y*、*z* 这 3 个坐标值。由于函数 getTilePos() 返回的是一个三维的坐标，所以对应的变量就有 *x*、*y*、*z* 这 3 个属性值。

保存并运行代码后，在 IDLE 中就会显示出玩家的坐标值，内容如下。

```
>>>
59
5
-52
>>>
```

大家可能会发现，这里显示的坐标和之前在游戏界面中看到的坐标有一点不同，刚才我们在游戏界面中看到的坐标是带小数的，而这里显示的坐标是整数。这主要是因为函数 getTilePos() 本身获取的就是位置的整数值，如果想获取玩家的确切坐标值，可以使用函数 getPos()。

4.5.2 显示玩家的位置

获取了玩家的位置信息后,我们还可以通过函数 postToChat() 将其显示在游戏界面中。具体的做法是将上面代码中的以下 3 句:

```
print(pos.x)
print(pos.y)
print(pos.z)
```

替换为:

```
mc.postToChat(str(pos.x)+","+str(pos.y)+","+str(pos.z))
```

使用函数 postToChat() 时有两点需要注意：第一点是我们使用了 str() 函数将坐标值从数值转换为字符串，这样才能在游戏界面中显示出来；第二点是多个字符串之间要使用加号“+”来连接。

保存并运行程序，就会在游戏界面中显示玩家的坐标，大家可以自己试一试。

4.5.3 设定玩家的位置

除了获取和显示玩家的位置，在游戏中我们还可以直接设定玩家的位置，对应的函数是 setPos()。通过这个函数，我们就能够将玩家移动到世界中的任何一个位置。该函数需要 3 个参数，分别是目标位置的 *x*、*y* 和 *z* 坐标。

假设我们希望在运行程序时将玩家移动到坐标 (0,0,0) 的位置，则对应的代码如下。

```
import mcpi.minecraft as minecraft

mc = minecraft.Minecraft.create()

mc.player.setPos(0,0,0)
```

这样，当我们运行程序时，玩家就会瞬间移动到 (0,0,0) 的位置上。

4.6 弹射区域

在了解了用于获取玩家的位置和设定玩家的位置的函数后，本节我们来用程序完成一个小功能：在《Minecraft》当中指定一块区域，如果玩家到达这块区域，就马上将玩家弹射到空中。

这里需要不断地检测玩家的位置，所以就需要用到 while 循环。在 while 循环中，我们要通过程序不断地获取玩家的位置信息，然后对其进行判断。当位置处于某个范围内时，就要将玩家瞬间弹射出去。所谓弹射，实际上就是增加玩家的 *y* 坐标值。

这里限定的区域还是以 (59,5,- 52) 为中心的一个区域，每个方向上坐标的范围为 - 3~3，即 *x* 坐标在 56~62，*y* 坐标在 2~8，*z* 坐标在 - 55~- 49，必须同时满足上面这些条件才属于在限定的区域内，所以这里要用到逻辑与。而弹射的高度是 60。

确定了具体的数据信息之后，下面我们就来完成代码，如下。

```
import mcpi.minecraft as minecraft

mc = minecraft.Minecraft.create()

mc.postToChat("welcome to nille's world")

while True:
    pos = mc.player.getTilePos()
```

```
    if pos.x>56 and pos.x<62 and pos.y>2 and pos.y<8 and pos.z>-55 and
pos.z<-49:
        mc.player.setPos(pos.x,pos.y+60,pos.z)
```

以上就是实现弹射区域功能的全部代码，非常简单，就是不断地读取玩家的位置信息并判断。代码方面，只有中间 if 的条件稍微麻烦一点，其余的内容都是我们刚刚写过的。代码完成后，大家可以试一试。

在游戏中，当我们走到限定区域后，就会发现脚下变空了，这就说明已经被弹射了。此时如果我们往下看，会发现地面一点一点地变大。我建议大家被弹射后依然按住移动键移动玩家，否则当我们落到地面时又会到达限定区域，这样就又会被弹射出去了。

“剑球”游戏

本章我们接着来完成“剑球”游戏，它的名字的来历上一章已经说过了，接下来我们就来建造球场。

5.1 建造球场

5.1.1 开辟空间

要建造球场，首先需要在《Minecraft》中开辟出一块场地来。这里我们要用到一个新的方法——setBlocks()，它的功能是将一个立方体的区域填充为一种材质的方块，方法需要 7 个参数，分别是 3D 立方体区域的一个角的坐标的 *x*、*y*、*z* 值，其对角坐标的 *x*、*y*、*z* 值，以及材质信息。参照图 5.1，我们需要的就是 *a*、*b* 两点的坐标值，或 *c*、*d* 两点，*e*、*f* 两点，*g*、*h* 两点的坐标值。

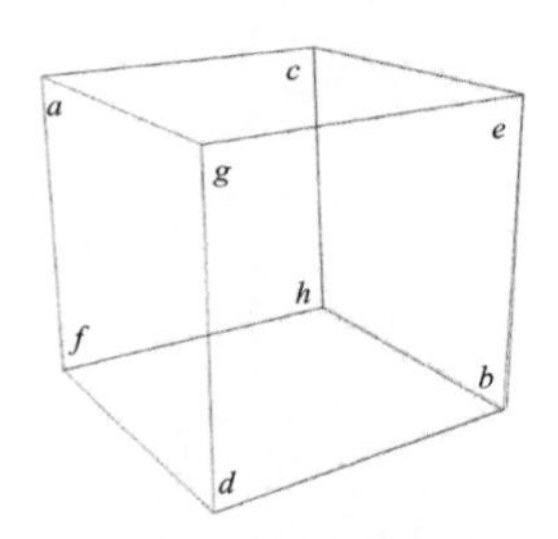

■ 图 5.1 立方体区域示意图

一般的球场大小是 100×70，考虑到我们球场的中线要占用一个方块的宽度，中线两边的方块数要一样，所以这里设定球场大小为 99×69，而球场的中心在坐标 (0,0,0) 的位置（其实应该是在 (0.5,0,0.5) 的位置）。

开辟一块场地的工作可以理解为将立方体内的区域填充为空气，所以我们将球场底面以上 15 个方块距离内的空间填充为空气，对应的代码是：

```
mc.setBlocks(-49,0,-34,49,15,34,mcpi.block.AIR.id)
```

对于代码中最后一个参数，我们填写的内容是 mcpi.block.AIR.id。这是表示空气（AIR）的方块编号，在《Minecraft》中，每个不同的方块都有自己的编号，比如空气的编号是 0，石头的编号是 1，但是如果我们都用数字来表示这些方块的话，既不容易记，写出来的程序也不容易理解，因此在程序中我们最好使用这种由属性名称表示的方块编号。不过首先还需要额外导入一个库 mcpi.block，对应的代码如下。

```
import mcpi.block
```

当然，我们也可以用 as 来简化这个库的名字。

```
import mcpi.block as block
```

这样，对应的开辟空地的代码就可以变成：

```
mc.setBlocks(-49,0,-34,49,15,34,block.AIR.id)
```

将这两行代码放在前面 3 行代码的后面，运行程序的效果如图 5.2 所示。

■ 图 5.2 开辟出来建球场的场地

5.1.2 铺设球场

铺设球场的场地有了，不过貌似这个空间有点太大了，看来我们的场地需要缩小一些，按照原场地尺寸的 60% 修建就可以了，大概是 59×39。至于材质，我选用的是羊毛，材质名称为 block.WOOL.id。

我之所以选择羊毛，是因为在《Minecraft》中，羊毛有很多种颜色，而选择颜色需要在材质参数之后额外增加一个参数。我们先来看看都可以使用什么颜色，见表 5.1。

表 5.1 《Minecraft》中羊毛的颜色对应的属性值

颜色	属性值	颜色	属性值
白色	0	橙色	1
浅紫	2	浅蓝	3
黄色	4	浅绿	5

续表

颜色	属性值	颜色	属性值
粉色	6	灰色	7
浅灰	8	青色	9
紫色	10	蓝色	11
棕色	12	绿色	13
红色	14	黑色	15

最后我选用绿色羊毛来铺设场地，选用白色羊毛来画中线、边线和小禁区的线，选用橙色羊毛当球。

代码实现上方面，我的顺序如下：

（1）用白色羊毛铺设整个场地；

（2）在场地缩小一圈的范围内，用绿色羊毛代替白色羊毛；

（3）在中间的位置用白色羊毛画一条中线；

（4）分别用白色羊毛铺设两边的小禁区；

（5）在小禁区缩小一圈的范围内，用绿色羊毛代替白色羊毛。

这个顺序对于操作来说比较烦琐，比如小禁区的场地，前前后后要铺 4 遍，但对于程序来说却是比较简单明了的，否则光是画个边线就需要 4 行代码。

以上步骤对应的代码如下，注意代码中的坐标以及第 8 个参数的使用。对于小禁区的坐标，我们可以不用太关注，最后只要美观就可以了。

```
mc.setBlocks(-29,0,-19,29,0,19,block.WOOL.id,0)
mc.setBlocks(-28,0,-18,28,0,18,block.WOOL.id,13)
mc.setBlocks(0,0,-19,0,0,19,block.WOOL.id,0)
mc.setBlocks(-29,0,-8,-18,0,8,block.WOOL.id,0)
mc.setBlocks(29,0,-8,18,0,8,block.WOOL.id,0)
mc.setBlocks(-28,0,-7,-19,0,7,block.WOOL.id,13)
mc.setBlocks(28,0,-7,19,0,7,block.WOOL.id,13)
```

建好的球场如图 5.3 所示。

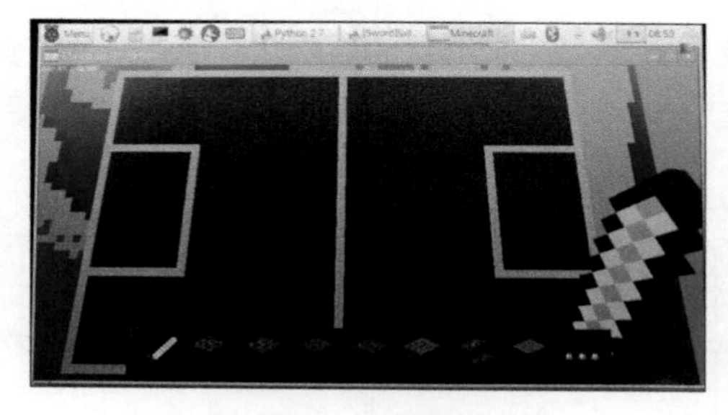

■ 图 5.3 建好的球场

5.1.3 搭建球门

球门的搭建方法比较简单，或者说我们这个“剑球”的球门比较简单。由于最后球的移动只会在平面上进行，所以这里的球门就是在球门位置上方横有一行其他颜色的羊毛方块。球门距离地面 3 个方块的高度，长度为 11 个方块的长度。

为了能够明显地区分双方的球门，我将东侧的球门建成黄色的，而将西侧的球门建成蓝色的，代码如下。

```
mc.setBlocks(29,3,-5,29,3,5,block.WOOL.id,4)
mc.setBlocks(-29,3,-5,-29,3,5,block.WOOL.id,11)
```

这样，我们的球场就算搭建完了。

5.1.4 球场函数

之前完成的代码的功能是搭建一个球场，我们可以将它们封装成一个函数，具体操作如下。

（1）函数以关键字 def 开头，后面跟着你定义的函数名，这里函数的名字叫作 buildField，则代码如下。

```
def buildField():
```

函数名之后需要添加一对括号，最后以冒号结束。这个冒号是必须的，在 Python 中，它表示下面的代码可能在一个结构中。

（2）回车后能看到下一行会有一个缩进。在 Python 中缩进的地位非常重要，因为 Python 主要是通过缩进来判断语句的结构的，而 C 语言中是通过大括号来判断语句结构的。

现在将之前从清空一片区域的代码开始，一直到最后搭建球门的代码都放入函数中，注意所有的代码都需要有一个缩进，表示它们是属于这个自定义的函数的。完成后的函数定义如下。

```
def buildField():
    mc.setBlocks(-29,0,-19,29,15,19,block.AIR.id)

    mc.setBlocks(-29,0,-19,29,0,19,block.WOOL.id,0)
    mc.setBlocks(-28,0,-18,28,0,18,block.WOOL.id,13)
    mc.setBlocks(0,0,-19,0,0,19,block.WOOL.id,0)
    mc.setBlocks(-29,0,-8,-18,0,8,block.WOOL.id,0)
    mc.setBlocks(29,0,-8,18,0,8,block.WOOL.id,0)
    mc.setBlocks(-28,0,-7,-19,0,7,block.WOOL.id,13)
    mc.setBlocks(28,0,-7,19,0,7,block.WOOL.id,13)

    mc.setBlocks(29,3,-5,29,3,5,block.WOOL.id,4)
    mc.setBlocks(-29,3,-5,-29,3,5,block.WOOL.id,11)
```

这样我们就算完成了搭建球场函数的创建。此时将前面的代码稍稍调整一下，将

import 的部分放在一起，同时将函数的定义往前放，在 IDLE 中最后的效果如图 5.4 所示。

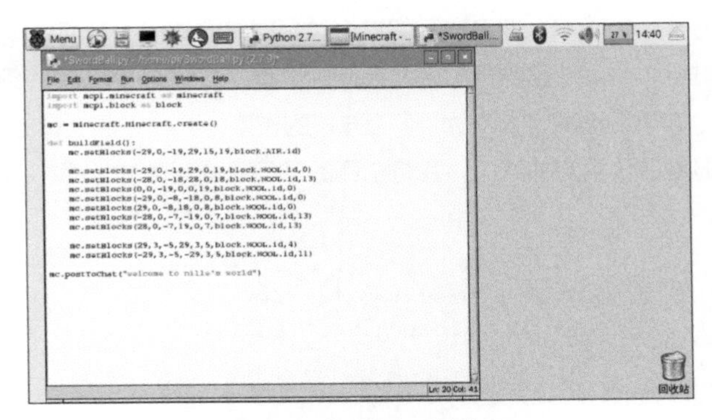

■ 图 5.4　调整之后的代码

注意，这里 mc.postToChat 这一句前面没有缩进，这就说明它没有包含在上面的函数内。

5.2　击打事件处理

5.2.1　获取击打事件

球场建好了，此时好像只要我们在中点附近摆上一个橙色的羊毛就可以玩了，如图 5.5 所示。

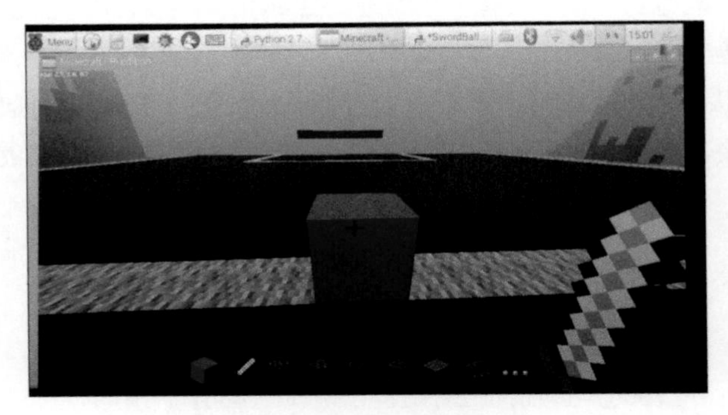

■ 图 5.5　摆上一个橙色羊毛

但没有后台的检测程序，我们怎么击打这个“球”都是没有反应的。检测击打的程序依赖于下面这条语句。

```
events = mc.events.pollBlockHits()
```

其中 events 是一个变量，它会保存击打事件的列表，这里有两点需要说明：第一点，在 Python 中声明变量不需要指定变量类型，编译器会根据代码自动调整；第二点，这个库只响应用铁剑的击打事件（击打为右键单击操作）。

为了不断地检测击打事件，我们还需要添加一个 while 循环。在 postToChat 语句之后写一个 while 循环，条件为 True，即一直循环，然后以冒号结束，内容如下。

```
while True:
```

在 Python 中，涉及有可能会包含一段程序的地方都需要用到冒号，比如 if 语句、for 循环等。

在冒号后回车的话，编辑器会在下一行自动缩进，这里我们将上面的那条语句放在其中。

```
while True:
    events = mc.events.pollBlockHits()
```

这样当程序运行时，就会不断地检测铁剑的击打事件，为了让我们能够直观地看到 events 中的信息，最后再添加一条打印语句，将 events 中的信息打印出来。

```
while True:
    events = mc.events.pollBlockHits()
    print(events)
```

运行编写完的程序，你会在解释器的窗口中看到很多行成对的方括号，如图 5.6 所示。

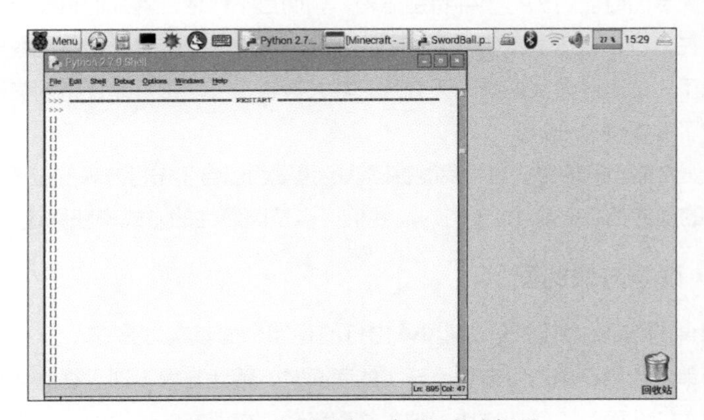

■ 图 5.6　解释器窗口中显示的方括号

这些方括号就是击打事件的列表，只不过这个列表现在是空的，每次循环过程中，程序都会将事件列表赋值给变量 events，而我们马上就将 events 打印了出来，所以你会看到很多行成对的方括号。

此时如果我们用铁剑击打（右键单击）任意一个方块，马上就会在解释器的窗口中出现相应的事件信息，如图 5.7 所示。

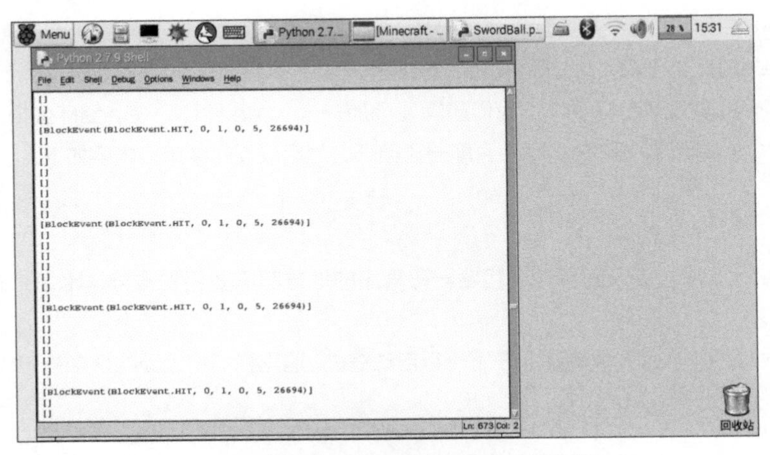

■ 图 5.7　解释器窗口中出现了击打的事件

这个过程有点像从信箱取信，现在假设这个信箱就叫“击打事件特别信箱”，当我们击打一个方块时，就会产生一条信息放到这个信箱当中，而信箱中的信息如果不取出来的话会一直放在信箱里。而“events = mc.events.pollBlockHits()”这句的功能就是从信箱把信息取出来，取出来之后信箱就空了，此时如果马上又从信箱取消息，就只能得到一个空的列表。

在图 5.7 中，我们每次取出来的信息只有一条，这是因为在循环中，程序运行的速度是相当快的，图中隔着八九行才出现一次的击打事件实际上是我不断地单击鼠标右键得到的。这就好像有个人专门盯着“击打事件特别信箱”，而且不停地告诉我们有没有信息。如果大家愿意，可以在 while 循环中添加一定时间的延时，这样你就能够看到一次取出多条击打事件信息的情况了，这就好像我们隔一天或几天才去查看一下“击打事件特别信箱”，当查看时发现里面堆了很多消息一样。

分析解释器中输出的信息，其中我能够确认的是里面包含了击打方块的位置信息（前 3 个数字）和击打的面的信息（第 4 个数字）。我们可以按照属性的方式来获取这些具体的信息。

5.2.2　确认方块的面

在击打事件的信息中能够获取到具体击打的是哪个面其实才是这个游戏能够完成的基石。原理很简单，当用铁剑击打方块（球）的南面时，就让方块（球）往北移动；当用铁剑击打方块（球）的北面时，就让方块（球）往南移动；东西方向也类似，当用铁剑击打方块（球）的东面时，就让方块（球）往西移动；当用铁剑击打方块（球）的西面时，就让方块（球）往东移动。

因此要让球动起来的关键是我们要搞清楚方块的面。这里将前面的代码稍作修改，添加一个 for 循环将 events 列表中的数据提取出来，然后提取其中的面的信息显示在解释器的窗口中。调整完成后的代码如下。

```
while True:
    events = mc.events.pollBlockHits()
    for e in events:
        print(e.face)
```

这里变量 e 会分别获取事件 events 中的每一次击打事件，而每一次的事件又会有不同的属性值，包括面（face）和方向（pos），进而，方向还有 3 个分量：pos.x、pos.y 和 pos.z。

上面的代码中，我们只用到了 face。当我们运行代码之后，会发现此时不会像之前的代码一样一直一行一行地显示方括号，而是只有当我们击打方块时才会显示一个数字，如图 5.8 所示。

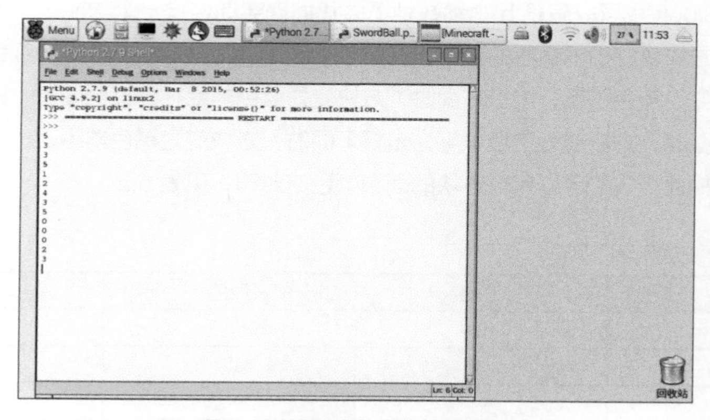

■ 图 5.8 显示击打了方块的哪个面

显示的这个数字就是方块的面，即击打事件中的 face 信息。通过测试，我们能够知道南面所对应的数字是 3，北面所对应的数字是 2，东面所对应的数字是 5，西面所对应的数字是 4，上面所对应的数字是 1，下面所对应的数字是 0。这里我们只用东南西北 4 个面，上下两个面不用。当然，我们也可以给上下两个面加上一些其他的效果。

5.3 球的移动

在搞清楚方块的面之后，现在我们就可以实现方块的移动了。

5.3.1 击打方块不同的面

方块的移动从程序上来讲就是让现在的这个方块消失（即变为空气），然后在相应方向移动一格出现另一个方块，这样就感觉好像方块移动了一格。如果之后出现的方块距离原来的位置过远，那么看起来就好像是“乾坤大挪移”一样。

设置一个方块我们就不用 setBlocks 了，而可以用 setBlock。从字面上就能看出来

setBlocks 是用来设置多个方块的，而 setBlock 是用来设置一个方块的，对应的参数也会比 setBlocks 少 3 个，即少了 3 个对应点的坐标。

我们先来实现让方块消失的代码，修改之前的代码如下。

```
while True:
    events = mc.events.pollBlockHits()
    for e in events:
        mc.setBlock(e.pos.x, e.pos.y, e.pos.z,block.AIR.id)
```

这里将最后一句打印方块 face 的语句换成了 setBlock 的语句，再运行程序看到的效果就是当我们击打一个方块时，这个方块就消失了。这就像我们用左键消除一个方块一样，只是没有消除方块时方块碎裂的效果。

函数 setBlock 也可以有第 5 个参数，下面我们来实现这样一个功能——当击打方块不同的面时，让方块变成不同颜色的羊毛。这里定义当击打南面时，方块变为红色羊毛；击打北面时，方块变为黄色羊毛；击打东面时，方块变为蓝色羊毛；击打西面时，方块变为紫色羊毛；击打上面时，方块变为白色羊毛；击打下面时，方块变为黑色羊毛。

由上面的描述，我们可以完成方块的面和颜色的对照，见表 5.2。

表 5.2　方块的面和颜色的对照表

面	编码	颜色	编码
东面	5	蓝色	11
南面	3	红色	14
西面	4	紫色	10
北面	2	黄色	4
上面	1	白色	0
下面	0	黑色	15

修改后的代码如下。

```
while True:
    events = mc.events.pollBlockHits()

    for e in events:
        if e.face == 5 :
            mc.setBlock(e.pos.x,e.pos.y,e.pos.z,block.WOOL.id,11)
        if e.face == 3 :
            mc.setBlock(e.pos.x,e.pos.y,e.pos.z,block.WOOL.id,14)
        if e.face == 4 :
            mc.setBlock(e.pos.x,e.pos.y,e.pos.z,block.WOOL.id,10)
        if e.face == 2 :
            mc.setBlock(e.pos.x,e.pos.y,e.pos.z,block.WOOL.id,4)
        if e.face == 1 :
```

```
        mc.setBlock(e.pos.x,e.pos.y,e.pos.z,block.WOOL.id,0)
    if e.face == 0 :
        mc.setBlock(e.pos.x,e.pos.y,e.pos.z,block.WOOL.id,15)
```

运行程序后，我们找一个山脊试一下。当击打不同的面时，相应的方块就会变成不同的颜色，如图 5.9 所示。

■ 图 5.9 彩色的山脊

击打不同的面时，实际上程序会运行不同的程序块，最终改变方块羊毛的颜色。那么按照最开始的描述，只要将现在设定羊毛颜色的程序换成“移动”的程序即可。

5.3.2 移动球的程序

“移动”的程序前面我们也说过，就是让当前的方块消失，然后在对应方向上偏移一格的位置上重新生成一个对应的方块。由于我们最开始设定用橙色羊毛表示“球”，所以这里就是要重新生成一个橙色羊毛方块。

我们在表 5.2 中再添加一列位置变化的内容，同时删掉了上下面的信息，制成了表 5.3。

表 5.3 击打方块的面与对应的位置变化

面	编码	颜色	编码	位置变化
东面	5	蓝色	11	x-1
南面	3	红色	14	z-1
西面	4	紫色	10	x+1
北面	2	黄色	4	z+1

根据表 5.3，我们重新修改代码，如下。

```
while True:
    events = mc.events.pollBlockHits()
```

```
    for e in events:
        if e.face == 5 :
            mc.setBlock(e.pos.x,e.pos.y,e.pos.z,block.AIR.id)
            mc.setBlock(e.pos.x-1,e.pos.y,e.pos.z,block.WOOL.id,1)
        if e.face == 3 :
            mc.setBlock(e.pos.x,e.pos.y,e.pos.z,block.AIR.id)
            mc.setBlock(e.pos.x,e.pos.y,e.pos.z-1,block.WOOL.id,1)
        if e.face == 4 :
            mc.setBlock(e.pos.x,e.pos.y,e.pos.z,block.AIR.id)
            mc.setBlock(e.pos.x+1,e.pos.y,e.pos.z,block.WOOL.id,1)
        if e.face == 2 :
            mc.setBlock(e.pos.x,e.pos.y,e.pos.z,block.AIR.id)
            mc.setBlock(e.pos.x,e.pos.y,e.pos.z+1,block.WOOL.id,1)
```

这样，我们再用铁剑击打球场上的方块时，这个“球”就会往相反的方向移动，如图 5.10 所示。

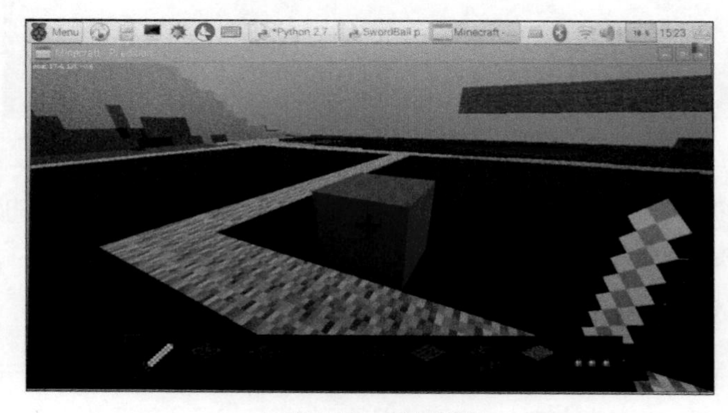

■ 图 5.10　球的移动

此时，这个“剑球”游戏基本能玩了，叫上几个小伙伴一起来玩玩吧。

5.4　异常情况

当几个小伙伴一起玩时，你可能就会遇到一些原来没有预想到的问题。

5.4.1　球多了

问题 1 是球多了。

由于现在只是判断击打方块的面，所以如果球场上有多个方块的话，我们击打任意一个方块都能让该方块移动。在这种情况下，如果任意一个玩家在球场上摆一个方块，那么这个方块都会被当作“球”来处理。甚至当我们在球场边缘从侧面击打球场时，对应的方块都会移动，这可不是我们希望看到的。在多人游戏情况下，总会有几个捣乱的，而我们希望球场上只有一个“球”。

要解决这个问题，就需要指定球的位置，这个位置我们用几个变量来表示，内容如下。

```
ballPosX = 0
ballPosY = 1
ballPosZ = 0
```

这 3 个变量分别表示“球”的 x、y、z 这 3 个坐标，其中 y 坐标为 1 表示“球”是在球场上面的（球场的 y 坐标为 0），而 x、z 坐标为 0 表示这个“球”位于球场的中央。

接着就需要对“球”的位置进行一个判断，只有击打的方块的坐标和“球”的坐标一致时才会进行相应的移动处理。

判断方块坐标之后，在每次处理完方块的移动时还要对表示“球”的 3 个坐标变量做相应的处理（如果没有变化就不用处理了），修改后的代码如下（注意代码的缩进）。

```
while True:
    events = mc.events.pollBlockHits()

    for e in events:
        if e.pos.x == ballPosX and e.pos.y == ballPosY and e.pos.z ==
ballPosZ:

            if e.face == 5 :
                mc.setBlock(e.pos.x,e.pos.y,e.pos.z,block.AIR.id)
                mc.setBlock(e.pos.x-1,e.pos.y,e.pos.z,block.WOOL.id,1)
                ballPosX = ballPosX - 1
            if e.face == 3 :
                mc.setBlock(e.pos.x,e.pos.y,e.pos.z,block.AIR.id)
                mc.setBlock(e.pos.x,e.pos.y,e.pos.z-1,block.WOOL.id,1)
                ballPosZ = ballPosZ - 1
            if e.face == 4 :
                mc.setBlock(e.pos.x,e.pos.y,e.pos.z,block.AIR.id)
                mc.setBlock(e.pos.x+1,e.pos.y,e.pos.z,block.WOOL.id,1)
                ballPosX = ballPosX + 1
            if e.face == 2 :
                mc.setBlock(e.pos.x,e.pos.y,e.pos.z,block.AIR.id)
                mc.setBlock(e.pos.x,e.pos.y,e.pos.z+1,block.WOOL.id,1)
                ballPosZ = ballPosZ + 1
```

之所以要对表示“球”的 3 个坐标变量做相应的处理，是因为再次判断“球”的坐标时要按照新的坐标来判断。

这样其他人放在球场上的方块除了当作一个障碍物，就不会有任何别的影响了。

5.4.2 球没了

问题 2 是球没了。

现在球多了的问题解决了，但又出现了一个新问题——如果我们不小心（或者是故意地）

将这个“球”用左键消掉了，同时我们又移动了一段距离，此时可能就找不到这个球了，因为在场上放置的新的方块可能和“球”的位置并不一致。

只有当我们放置的“球”刚好在对应的位置上时，这个“球”才是能和我们互动的“球”。笨办法还是有的，那就是可以在所有怀疑的位置上都放上一个方块，然后通过右键击打来测试，有反应的就是真的“球”。不过这种办法如果碰上一个故意捣乱的玩家，那么有可能我们刚找到这个“球”就被捣乱的玩家用左键消掉了。

我们希望球场上的“球”始终存在，消失了还会出现，这就需要在 while 循环中不断地检测“球”所在位置方块的状态。当这个位置为空气时，就马上设置一个橙色羊毛方块。

按照这个思路来进一步修改代码，这里又用到了一个新的函数 getBlock。前面我们用的 setBlock 是用来设置某一个位置的方块的，对应的 getBlock 就是获取某一个位置方块的材质属性的，函数需要 3 个参数，就是要获取方块的 *x*、*y*、*z* 坐标。

代码修改后如下。

```
while True:
    if mc.getBlock(ballPosX,ballPosY,ballPosZ) == block.AIR.id:
        mc.setBlock(ballPosX,ballPosY,ballPosZ,block.WOOL.id,1)

    events = mc.events.pollBlockHits()

    for e in events:
        if e.pos.x == ballPosX and e.pos.y == ballPosY and e.pos.z == ballPosZ:

            if e.face == 5 :
                mc.setBlock(e.pos.x,e.pos.y,e.pos.z,block.AIR.id)
                mc.setBlock(e.pos.x-1,e.pos.y,e.pos.z,block.WOOL.id,1)
                ballPosX = ballPosX - 1
            if e.face == 3 :
                mc.setBlock(e.pos.x,e.pos.y,e.pos.z,block.AIR.id)
                mc.setBlock(e.pos.x,e.pos.y,e.pos.z-1,block.WOOL.id,1)
                ballPosZ = ballPosZ - 1
            if e.face == 4 :
                mc.setBlock(e.pos.x,e.pos.y,e.pos.z,block.AIR.id)
                mc.setBlock(e.pos.x+1,e.pos.y,e.pos.z,block.WOOL.id,1)
                ballPosX = ballPosX + 1
            if e.face == 2 :
                mc.setBlock(e.pos.x,e.pos.y,e.pos.z,block.AIR.id)
                mc.setBlock(e.pos.x,e.pos.y,e.pos.z+1,block.WOOL.id,1)
                ballPosZ = ballPosZ + 1
```

这里我们在处理击打事件之前，会先判断“球”的位置是否有“球”。如果没有的话，就在相应位置放一个“球”（橙色羊毛方块）。

这样我们在进行游戏时，就不用担心“球”会丢了，当它被消掉之后马上就会出现一个新的“球”。就算有人放置多个方块也没关系，只要找到消不掉的方块，那它就是“球”。

5.5 出界与进球

“球”的问题解决后，下面就需要解决规则性的问题了，比如出界、进球等。

5.5.1 出界的判定

出界的问题其实比较好判断（还记得之前的弹射区域吗？这里我们将进球也算作出界的情况），只要“球”的 *x* 或 *z* 坐标超出了球场的范围就算出界了。至于出界之后的处理方式，我的“剑球”游戏规则中规定只要出界，就要将“球”的位置设定到中场，重新开始。这部分代码比较好修改，添加到击打检测之后即可，内容如下（为了明确地显示出代码中的缩进，这里列出了整个 while 循环体中的程序）。

```
while True:
    if mc.getBlock(ballPosX,ballPosY,ballPosZ) == block.AIR.id:
        mc.setBlock(ballPosX,ballPosY,ballPosZ,block.WOOL.id,1)

    events = mc.events.pollBlockHits()

    for e in events:
        if e.pos.x == ballPosX and e.pos.y == ballPosY and e.pos.z == ballPosZ:

            if e.face == 5 :
                mc.setBlock(e.pos.x,e.pos.y,e.pos.z,block.AIR.id)
                mc.setBlock(e.pos.x-1,e.pos.y,e.pos.z,block.WOOL.id,1)
                ballPosX = ballPosX - 1
            if e.face == 3 :
                mc.setBlock(e.pos.x,e.pos.y,e.pos.z,block.AIR.id)
                mc.setBlock(e.pos.x,e.pos.y,e.pos.z-1,block.WOOL.id,1)
                ballPosZ = ballPosZ - 1
            if e.face == 4 :
                mc.setBlock(e.pos.x,e.pos.y,e.pos.z,block.AIR.id)
                mc.setBlock(e.pos.x+1,e.pos.y,e.pos.z,block.WOOL.id,1)
                ballPosX = ballPosX + 1
            if e.face == 2 :
                mc.setBlock(e.pos.x,e.pos.y,e.pos.z,block.AIR.id)
                mc.setBlock(e.pos.x,e.pos.y,e.pos.z+1,block.WOOL.id,1)
                ballPosZ = ballPosZ + 1


    if ballPosX <-29 or ballPosX > 29 or ballPosZ < -19 or ballPosZ > 19:
        mc.postToChat('OUT')
        ballPosX = 0
        ballPosZ = 0
        buildField()
```

通过程序，我们能够看到这个判断语句与击打事件处理的代码是并列的关系。当“球”

出界时，会在《Minecraft》界面中显示一个“OUT”，然后将“球”的位置复位，同时还用函数 buildField 重新搭建一下球场，这是因为很多玩家参与时经常是左右键乱按，很容易就将场地搞得“千疮百孔”，此时“球”复位，也刚好让球场也“恢复”一下。

5.5.2 进球了

进球可以理解为出界的一种特殊情况，即如果出界的位置刚好在球门的后方，就算进球了。

我们再来看看前面的程序，两个球门的位置都是在 *z* 方向的 -5~5，东侧的球门在 *x* 方向 29 的位置，颜色为黄色；而西侧的球门在 *x* 方向 -29 的位置，颜色为蓝色。

由此我们可以判定，在出界的情况下，如果方块的 *z* 坐标值在 -5~5 就是进球了，将程序稍作修改，如下。

```
    if ballPosX <-29 or ballPosX > 29 or ballPosZ < -19 or ballPosZ > 19:
        if ballPosZ >= -5 and ballPosZ <= 5 :
            mc.postToChat('GOAL')
        else:
            mc.postToChat('OUT')
        ballPosX = 0
        ballPosZ = 0
        buildField()
```

此时，当“球”超出球场时，如果出界，会在《Minecraft》界面中显示一个“OUT”；如果进球，会在《Minecraft》界面中显示一个“GOAL”。然后会将“球”的位置复位，同时重新搭建球场。

要进一步判断的话，就是如果 *x* 方向的值大于 29，则“球”进的是黄色球门；如果 *x* 方向的值小于 -29，则“球”进的是蓝色球门。考虑到以后要显示比分，这里我们新建两个变量 yelloScore 和 blueScore，分别表示黄色球门一方的得分和蓝色球门一方的得分。程序中，当“球”进了黄色球门时给蓝色球门一方加一分，当球进了蓝色球门时给黄色球门一方加一分。修改代码如下（这里我列出了整个代码文件）。

```
import mcpi.minecraft as minecraft
import mcpi.block as block

ballPosX = 0
ballPosY = 1
ballPosZ = 0
yelloScore = 0
blueScore = 0

def buildField():
    mc.setBlocks(-29,0,-19,29,15,19,block.AIR.id)
```

```
    mc.setBlocks(-29,0,-19,29,0,19,block.WOOL.id,0)
    mc.setBlocks(-28,0,-18,28,0,18,block.WOOL.id,13)
    mc.setBlocks(0,0,-19,0,0,19,block.WOOL.id,0)
    mc.setBlocks(-29,0,-8,-18,0,8,block.WOOL.id,0)
    mc.setBlocks(29,0,-8,18,0,8,block.WOOL.id,0)
    mc.setBlocks(-28,0,-7,-19,0,7,block.WOOL.id,13)
    mc.setBlocks(28,0,-7,19,0,7,block.WOOL.id,13)

    mc.setBlocks(29,3,-5,29,3,5,block.WOOL.id,4)
    mc.setBlocks(-29,3,-5,-29,3,5,block.WOOL.id,11)


mc = minecraft.Minecraft.create()

mc.postToChat("welcome to nille's world")

while True:
    if mc.getBlock(ballPosX,ballPosY,ballPosZ) == block.AIR.id:
        mc.setBlock(ballPosX,ballPosY,ballPosZ,block.WOOL.id,1)

    events = mc.events.pollBlockHits()

    for e in events:
        if e.pos.x == ballPosX and e.pos.y == ballPosY and e.pos.z == ballPosZ:

            if e.face == 5 :
                mc.setBlock(e.pos.x,e.pos.y,e.pos.z,block.AIR.id)
                mc.setBlock(e.pos.x-1,e.pos.y,e.pos.z,block.WOOL.id,1)
                ballPosX = ballPosX - 1
            if e.face == 3 :
                mc.setBlock(e.pos.x,e.pos.y,e.pos.z,block.AIR.id)
                mc.setBlock(e.pos.x,e.pos.y,e.pos.z-1,block.WOOL.id,1)
                ballPosZ = ballPosZ - 1
            if e.face == 4 :
                mc.setBlock(e.pos.x,e.pos.y,e.pos.z,block.AIR.id)
                mc.setBlock(e.pos.x+1,e.pos.y,e.pos.z,block.WOOL.id,1)
                ballPosX = ballPosX + 1
            if e.face == 2 :
                mc.setBlock(e.pos.x,e.pos.y,e.pos.z,block.AIR.id)
                mc.setBlock(e.pos.x,e.pos.y,e.pos.z+1,block.WOOL.id,1)
                ballPosZ = ballPosZ + 1


    if ballPosX <-29 or ballPosX > 29 or ballPosZ < -19 or ballPosZ > 19:
        if ballPosZ >= -5 and ballPosZ <= 5 :
            mc.postToChat('GOAL')
            if ballPosX <-29:
                yelloScore = yelloScore + 1
```

```
        if ballPosX > 29:
            blueScore = blueScore + 1

        mc.postToChat('YELLO:' + str(yelloScore) + '   BLUE:' + str(blueScore))

    else:
        mc.postToChat('OUT')
    ballPosX = 0
    ballPosZ = 0
    buildField()
```

加完分数之后，我们还通过一条 postToChat 语句将比分显示了出来，格式为“YELLO: 黄队比分　BLUE: 蓝队比分”。这里由于变量 yelloScore 和 blueScore 中存储的是数字，所以先用了一个 str 函数将其转换成字符，然后才和其他字符连在一起。

运行程序后，在游戏中进球后的显示内容如图 5.11 所示。

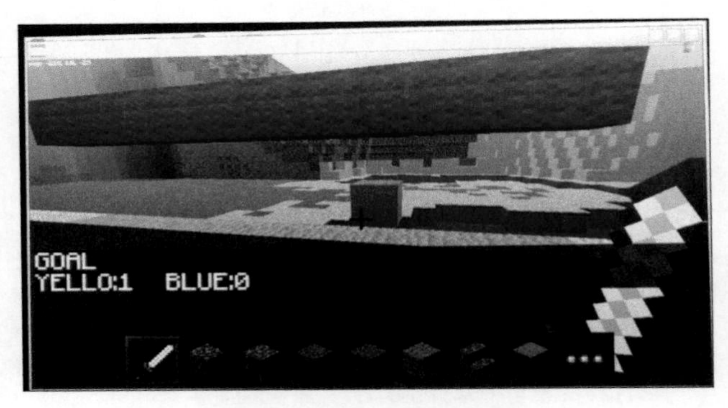

■ 图 5.11　进球后显示的内容

“剑球”进阶

6.1 特殊规则

6.1.1 规则介绍

完成了出界和进球的规则后，现在我们来完成这个“剑球”游戏中独有的一个规则——可移动的中线。在前面的代码中，当复位时，“球”会移动到球场的中心，这是一种公平的规则，不过在我的“剑球”游戏中，我希望规则能够偏向于能力较弱的一方，所以设定了这个移动的中线的规则，即中线会更靠近比分高的一方。这样，当“球”回到中线上时，比分落后的一方进球所需要移动的直线距离就比比分领先的一方进球所需要移动的直线距离要近，就更容易追赶比分。而且，我希望双方的比分差距越大，相应的中线移动的距离也越大。

6.1.2 移动的中线

介绍了这个规则之后，下面我们就来看看在游戏中如何实现它。由于规则操作的是中线，因此我们来看看搭建中线的代码。

```
mc.setBlocks(0,0,-19,0,0,19,block.WOOL.id,0)
```

通过代码我们能够看到，现在的中线在 x 坐标为 0 的这条线上，那么我们只需要改变中线的 x 位置为双方的比分差就可以。当黄队比分高时，中线应该更靠近黄色一方，即更靠近东方，也就是 x 值为正的方向；而当蓝队比分高时，中线应该更靠近蓝色一方，即更靠近西方，也就是 x 值为负的方向。所以可以直接将 x 值设定为 yelloScore- blueScore。另外，因为我们同时要设定“球”的复位位置，所以可以将这个复位位置的 x 坐标设定为 yelloScore- blueScore，而中线的 x 坐标直接取“球”的 x 坐标即可。

查看代码中设定 ballPosX 的位置，做相应的修改（粗体红字部分）。

```
import mcpi.minecraft as minecraft
import mcpi.block as block

ballPosX = 0
ballPosY = 1
ballPosZ = 0
yelloScore = 0
blueScore = 0
```

```
def buildField():
    mc.setBlocks(-29,0,-19,29,15,19,block.AIR.id)

    mc.setBlocks(-29,0,-19,29,0,19,block.WOOL.id,0)
    mc.setBlocks(-28,0,-18,28,0,18,block.WOOL.id,13)
    mc.setBlocks(ballPosX ,0,-19,ballPosX ,0,19,block.WOOL.id,0)
    mc.setBlocks(-29,0,-8,-18,0,8,block.WOOL.id,0)
    mc.setBlocks(29,0,-8,18,0,8,block.WOOL.id,0)
    mc.setBlocks(-28,0,-7,-19,0,7,block.WOOL.id,13)
    mc.setBlocks(28,0,-7,19,0,7,block.WOOL.id,13)

    mc.setBlocks(29,3,-5,29,3,5,block.WOOL.id,4)
    mc.setBlocks(-29,3,-5,-29,3,5,block.WOOL.id,11)


mc = minecraft.Minecraft.create()

mc.postToChat("welcome to nille's world")

while True:
    if mc.getBlock(ballPosX,ballPosY,ballPosZ) == block.AIR.id:
        mc.setBlock(ballPosX,ballPosY,ballPosZ,block.WOOL.id,1)

    events = mc.events.pollBlockHits()

    for e in events:
        if e.pos.x == ballPosX and e.pos.y == ballPosY and e.pos.z == ballPosZ:

            if e.face == 5 :
                    mc.setBlock(e.pos.x,e.pos.y,e.pos.z,block.AIR.id)
                    mc.setBlock(e.pos.x-1,e.pos.y,e.pos.z,block.WOOL.id,1)
                    ballPosX = ballPosX - 1
            if e.face == 3 :
                    mc.setBlock(e.pos.x,e.pos.y,e.pos.z,block.AIR.id)
                    mc.setBlock(e.pos.x,e.pos.y,e.pos.z-1,block.WOOL.id,1)
                    ballPosZ = ballPosZ - 1
            if e.face == 4 :
                    mc.setBlock(e.pos.x,e.pos.y,e.pos.z,block.AIR.id)
                    mc.setBlock(e.pos.x+1,e.pos.y,e.pos.z,block.WOOL.id,1)
                    ballPosX = ballPosX + 1
            if e.face == 2 :
                    mc.setBlock(e.pos.x,e.pos.y,e.pos.z,block.AIR.id)
                    mc.setBlock(e.pos.x,e.pos.y,e.pos.z+1,block.WOOL.id,1)
                    ballPosZ = ballPosZ + 1


    if ballPosX <-29 or ballPosX > 29 or ballPosZ < -19 or ballPosZ > 19:
        if ballPosZ >= -5 and ballPosZ <= 5 :
```

```
        mc.postToChat('GOAL')
        if ballPosX <-29:
            yelloScore = yelloScore + 1
        if ballPosX > 29:
            blueScore = blueScore + 1

        mc.postToChat('YELLO:' + str(yelloScore) + '   BLUE:' + str(blueScore))

    else:
        mc.postToChat('OUT')
    ballPosX = yelloScore - blueScore
    ballPosZ = 0
    buildField()
```

试运行一下（最好在场边做一个标记），此时每当双方有分差时，相应的中线就会做一定的偏移。

6.1.3 最大偏移量

另外我们可能还需要设置一下偏移的最大量，这个最大量设定为 15，即当两者的分差大于 15 时，这个偏移量维持在 15 就可以了，将上面代码的最后 3 行修改成如下语句。

```
    ballPosX = yelloScore - blueScore
    if ballPosX > 15:
        BallPosX = 15
    if ballPosX < -15:
        BallPosX = -15
    ballPosZ = 0
    buildField()
```

6.2 显示数字

如果以上的操作你都能够顺利完成，那么现在邀请一些小伙伴来一起玩这个游戏已经问题不大了（当然，首先需要你和你的小伙伴都用相同版本的《Minecraft》）。

从这里开始往下的内容算是一些锦上添花的部分，其中最先实现的就是要在《Minecraft》中通过方块来实时地显示比分。目前我们的比分实际上只有在进球时才会显示一下，如果没有进球，我们是无法看到比分的。

在显示比分之前，这里需要花点时间介绍一下在《Minecraft》中如何用方块来表示数字。

不知道大家有没有注意过公交车、电梯上显示信息的点阵屏，点阵屏是通过一个一个发光的小点显示信息的，这些小点按照一定的规则点亮和熄灭，从整体上来看就能显示不同的文字和数字，如图 6.1 所示。

■ 图 6.1　点阵屏显示时间

如果这些小点够多，还能够显示一些图形，图 6.2 所示的内容实际上就可以通过点阵的方式显示出来。

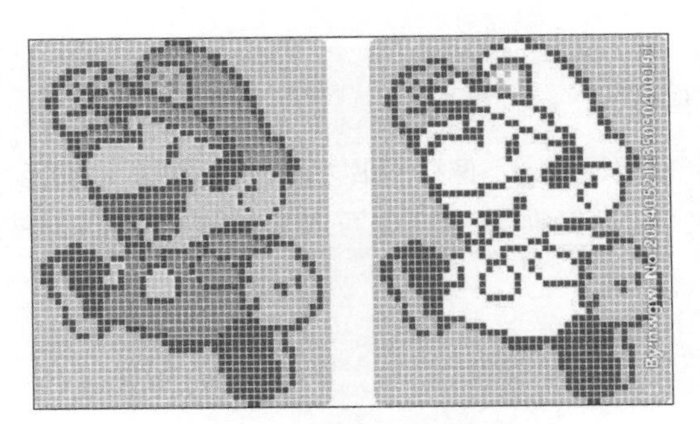

■ 图 6.2　由点阵组成的图形

而图 6.3 所示是用这种显示方式显示的汉字“汉”。

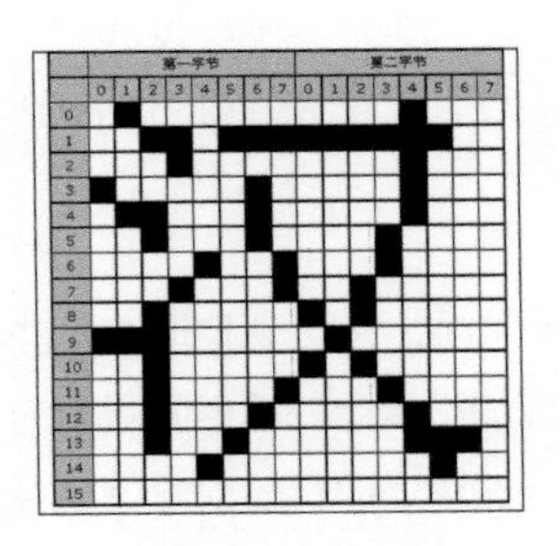

■ 图 6.3　点阵汉字

当点阵被放大时，我们能看到其实上面是一个一个的小方块，而当点阵被缩小一点时，我们看到的就是一个汉字了。如果要显示汉字，图 6.3 中黑色的小方块就会点亮，而白色的小方块就会熄灭。在《Minecraft》中就是采用这种形式显示数字（其实按照相同的方式也可以显示文字），用来表示数字所需要的矩阵最小只用 3×5 个方块的大小就可以了。0 到 9 十个数字在《Minecraft》中的显示效果如图 6.4 所示。

■ 图 6.4 《Minecraft》中用方块表示的数字

对于每个数字来说，黑色羊毛和白色羊毛所占的区域大小就是 3×5，如果每个数字区域从左上角开始，横向用 A、B、C 来指定每一列的位置，竖向用 1、2、3、4、5 来指定每一行的位置，那么我们要显示数字 1，就需要设定 B1、A2、B2、B3、B4、A5、B5、C5 这几个方块，而其他的方块只要设定为空气即可。图 6.4 中使用黑色羊毛主要是为了标示出 3×5 的区域大小。

以此类推，我们能够得到所有 10 个数字所占用的方块位置，见表 6.1。

表 6.1 方块位置

数字	A1	B1	C1	A2	B2	C2	A3	B3	C3	A4	B4	C4	A5	B5	C5
1		✓		✓	✓			✓			✓		✓	✓	✓
2	✓	✓	✓			✓	✓	✓	✓	✓			✓	✓	✓
3	✓	✓	✓			✓		✓	✓			✓	✓	✓	✓
4	✓		✓	✓		✓	✓	✓	✓			✓			✓
5	✓	✓	✓	✓			✓	✓	✓			✓	✓	✓	✓
6	✓	✓	✓	✓			✓	✓	✓	✓		✓	✓	✓	✓
7	✓	✓	✓			✓			✓			✓			✓
8	✓	✓	✓	✓		✓	✓	✓	✓	✓		✓	✓	✓	✓
9	✓	✓	✓	✓		✓	✓	✓	✓			✓	✓	✓	✓
0	✓	✓	✓	✓		✓	✓		✓	✓		✓	✓	✓	✓

如果我们要在游戏中竖着显示这些数字，那么就需要确定一下各个方块的相对坐标。如果以左下角方块（A5）为基点，其他各点的相对坐标见表 6.2。

表 6.2 位置相对坐标

方块位置标识	垂直坐标偏移（y 方向）	水平坐标偏移（x 或 z 方向）
A1	+4	0
B1	+4	+1
C1	+4	+2
A2	+3	0

续表

方块位置标识	垂直坐标偏移（y 方向）	水平坐标偏移（x 或 z 方向）
B2	+3	+1
C2	+3	+2
A3	+2	0
B3	+2	+1
C3	+2	+2
A4	+1	0
B4	+1	+1
C4	+1	+2
A5	0	0
B5	0	+1
C5	0	+2

通过以上两个表，现在我们只需要在游戏中设定相应的方块即可显示数字了。

6.3 球门上的比分

接下来，我们要将比分实时地显示在门框上方，如图 6.5 所示。

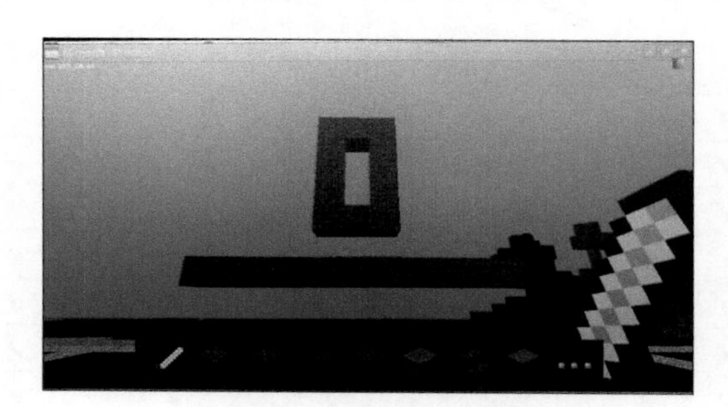

■ 图 6.5 在门框上显示数字

图 6.5 中显示的数字是我直接垒在门框上方的，目前还不是用程序实现的。我只是觉得通过这张图能更清晰地表示数字显示的位置。

6.3.1 东侧的比分

我们先来看看东侧的门框。

```
mc.setBlocks(29,3,-5,29,3,5,block.WOOL.id,4)
```

由代码可知，东侧的门框所有方块的坐标如下。

29,3,-5	29,3,-4	29,3,-3	29,3,-2	29,3,-1	29,3,0	29,3,1	29,3,2	29,3,3	29,3,4	29,3,5

根据上面的内容，我们可以得知显示的数字的基点坐标为（29,5,-1），即中心偏左一格往上两格位置。只要将这个基点的坐标再加上偏移量，就能够得到与显示数字所有相关的方块的坐标。不过这种方式并不灵活，每次改变显示位置时都要手动计算各个坐标。一种更灵活的方式是使用函数。

前面我们已经完成了一个搭建球场的函数，这里我们再来进一步完成一个带参数的函数showYelloScore()。这个函数有 4 个参数，分别是基点的 *x*、*y*、*z* 坐标以及要显示的数字。函数代码如下。

```
def showYelloScore(baseX,baseY,baseZ,num):
    mc.setBlock(baseX,baseY+4,baseZ,block.WOOL.id,4)
    mc.setBlock(baseX,baseY+4,baseZ+1,block.WOOL.id,4)
    mc.setBlock(baseX,baseY+4,baseZ+2,block.WOOL.id,4)

    mc.setBlock(baseX,baseY+3,baseZ,block.WOOL.id,4)
    mc.setBlock(baseX,baseY+3,baseZ+1,block.AIR.id)
    mc.setBlock(baseX,baseY+3,baseZ+2,block.WOOL.id,4)

    mc.setBlock(baseX,baseY+2,baseZ,block.WOOL.id,4)
    mc.setBlock(baseX,baseY+2,baseZ+1,block.AIR.id)
    mc.setBlock(baseX,baseY+2,baseZ+2,block.WOOL.id,4)

    mc.setBlock(baseX,baseY+1,baseZ,block.WOOL.id,4)
    mc.setBlock(baseX,baseY+1,baseZ+1,block.AIR.id)
    mc.setBlock(baseX,baseY+1,baseZ+2,block.WOOL.id,4)

    mc.setBlock(baseX,baseY,baseZ,block.WOOL.id,4)
    mc.setBlock(baseX,baseY,baseZ+1,block.WOOL.id,4)
    mc.setBlock(baseX,baseY,baseZ+2,block.WOOL.id,4)
```

在上面的代码中，我们并没有用到参数 num，这是因为目前这个函数并没有完成，还没有处理 num 的部分，目前实现的功能只是显示数字 0。不过我们可以测测函数是不是能够正常地执行。

按照函数的功能来说，这个函数应该添加在每次刷新球场之后，具体如下（见粗体红字部分）。

```
import mcpi.minecraft as minecraft
import mcpi.block as block

ballPosX = 0
ballPosY = 1
ballPosZ = 0
yelloScore = 0
blueScore = 0
```

```
def buildField():
    mc.setBlocks(-29,0,-19,29,15,19,block.AIR.id)

    mc.setBlocks(-29,0,-19,29,0,19,block.WOOL.id,0)
    mc.setBlocks(-28,0,-18,28,0,18,block.WOOL.id,13)
    mc.setBlocks(ballPosX ,0,-19,ballPosX ,0,19,block.WOOL.id,0)
    mc.setBlocks(-29,0,-8,-18,0,8,block.WOOL.id,0)
    mc.setBlocks(29,0,-8,18,0,8,block.WOOL.id,0)
    mc.setBlocks(-28,0,-7,-19,0,7,block.WOOL.id,13)
    mc.setBlocks(28,0,-7,19,0,7,block.WOOL.id,13)

    mc.setBlocks(29,3,-5,29,3,5,block.WOOL.id,4)
    mc.setBlocks(-29,3,-5,-29,3,5,block.WOOL.id,11)

def showYelloScore(baseX,baseY,baseZ,num):
    mc.setBlock(baseX,baseY+4,baseZ,block.WOOL.id,4)
    mc.setBlock(baseX,baseY+4,baseZ+1,block.WOOL.id,4)
    mc.setBlock(baseX,baseY+4,baseZ+2,block.WOOL.id,4)

    mc.setBlock(baseX,baseY+3,baseZ,block.WOOL.id,4)
    mc.setBlock(baseX,baseY+3,baseZ+1,block.AIR.id)
    mc.setBlock(baseX,baseY+3,baseZ+2,block.WOOL.id,4)

    mc.setBlock(baseX,baseY+2,baseZ,block.WOOL.id,4)
    mc.setBlock(baseX,baseY+2,baseZ+1,block.AIR.id)
    mc.setBlock(baseX,baseY+2,baseZ+2,block.WOOL.id,4)

    mc.setBlock(baseX,baseY+1,baseZ,block.WOOL.id,4)
    mc.setBlock(baseX,baseY+1,baseZ+1,block.AIR.id)
    mc.setBlock(baseX,baseY+1,baseZ+2,block.WOOL.id,4)

    mc.setBlock(baseX,baseY,baseZ,block.WOOL.id,4)
    mc.setBlock(baseX,baseY,baseZ+1,block.WOOL.id,4)
    mc.setBlock(baseX,baseY,baseZ+2,block.WOOL.id,4)

mc = minecraft.Minecraft.create()

mc.postToChat("welcome to nille's world")

buildField()
showYelloScore(29,5,-1,yelloScore)

while True:
    if mc.getBlock(ballPosX,ballPosY,ballPosZ) == block.AIR.id:
        mc.setBlock(ballPosX,ballPosY,ballPosZ,block.WOOL.id,1)

    events = mc.events.pollBlockHits()

    for e in events:
```

```
            if e.pos.x == ballPosX and e.pos.y == ballPosY and e.pos.z == ballPosZ:

                if e.face == 5 :
                    mc.setBlock(e.pos.x,e.pos.y,e.pos.z,block.AIR.id)
                    mc.setBlock(e.pos.x-1,e.pos.y,e.pos.z,block.WOOL.id,1)
                   ballPosX = ballPosX - 1
                if e.face == 3 :
                    mc.setBlock(e.pos.x,e.pos.y,e.pos.z,block.AIR.id)
                    mc.setBlock(e.pos.x,e.pos.y,e.pos.z-1,block.WOOL.id,1)
                    ballPosZ = ballPosZ - 1
                if e.face == 4 :
                    mc.setBlock(e.pos.x,e.pos.y,e.pos.z,block.AIR.id)
                    mc.setBlock(e.pos.x+1,e.pos.y,e.pos.z,block.WOOL.id,1)
                    ballPosX = ballPosX + 1
                if e.face == 2 :
                    mc.setBlock(e.pos.x,e.pos.y,e.pos.z,block.AIR.id)
                    mc.setBlock(e.pos.x,e.pos.y,e.pos.z+1,block.WOOL.id,1)
                    ballPosZ = ballPosZ + 1


        if ballPosX <-29 or ballPosX > 29 or ballPosZ < -19 or ballPosZ > 19:
            if ballPosZ >= -5 and ballPosZ <= 5 :
                mc.postToChat('GOAL')
                if ballPosX <-29:
                    yelloScore = yelloScore + 1
                if ballPosX > 29:
                    blueScore = blueScore + 1

                mc.postToChat('YELLO:' + str(yelloScore) + '    BLUE:' +
str(blueScore))

            else:
                mc.postToChat('OUT')
            ballPosX = yelloScore - blueScore
            if ballPosX > 15:
                BallPosX = 15
            if ballPosX < -15:
                BallPosX = -15
            ballPosZ = 0
            buildField()
            showYelloScore(29,5,-1,yelloScore)
```

上面的代码中，我们在 while 之前也添加了一段搭建球场和显示数字的函数，这主要是因为当添加了球场中线变化和显示比分功能后，每次代码运行时都需要重新刷新一下两者的显示，否则就可能出现“球”不在中线上，或初始比分不为零的情况。

接下来，我们就需要完善函数 showYelloScore 了，按照表 6.1 和表 6.2 的内容完成的函数代码如下。

```
def showYelloScore(baseX,baseY,baseZ,num):
    if num == 0:
        mc.setBlock(baseX,baseY+4,baseZ,block.WOOL.id,4)
        mc.setBlock(baseX,baseY+4,baseZ+1,block.WOOL.id,4)
        mc.setBlock(baseX,baseY+4,baseZ+2,block.WOOL.id,4)

        mc.setBlock(baseX,baseY+3,baseZ,block.WOOL.id,4)
        mc.setBlock(baseX,baseY+3,baseZ+1,block.AIR.id)
        mc.setBlock(baseX,baseY+3,baseZ+2,block.WOOL.id,4)

        mc.setBlock(baseX,baseY+2,baseZ,block.WOOL.id,4)
        mc.setBlock(baseX,baseY+2,baseZ+1,block.AIR.id)
        mc.setBlock(baseX,baseY+2,baseZ+2,block.WOOL.id,4)

        mc.setBlock(baseX,baseY+1,baseZ,block.WOOL.id,4)
        mc.setBlock(baseX,baseY+1,baseZ+1,block.AIR.id)
        mc.setBlock(baseX,baseY+1,baseZ+2,block.WOOL.id,4)

        mc.setBlock(baseX,baseY,baseZ,block.WOOL.id,4)
        mc.setBlock(baseX,baseY,baseZ+1,block.WOOL.id,4)
        mc.setBlock(baseX,baseY,baseZ+2,block.WOOL.id,4)

    if num == 1:
        mc.setBlock(baseX,baseY+4,baseZ,block.AIR.id)
        mc.setBlock(baseX,baseY+4,baseZ+1,block.WOOL.id,4)
        mc.setBlock(baseX,baseY+4,baseZ+2,block.AIR.id)

        mc.setBlock(baseX,baseY+3,baseZ,block.WOOL.id,4)
        mc.setBlock(baseX,baseY+3,baseZ+1,block.WOOL.id,4)
        mc.setBlock(baseX,baseY+3,baseZ+2,block.AIR.id)

        mc.setBlock(baseX,baseY+2,baseZ,block.AIR.id)
        mc.setBlock(baseX,baseY+2,baseZ+1,block.WOOL.id,4)
        mc.setBlock(baseX,baseY+2,baseZ+2,block.AIR.id)

        mc.setBlock(baseX,baseY+1,baseZ,block.AIR.id)
        mc.setBlock(baseX,baseY+1,baseZ+1,block.WOOL.id,4)
        mc.setBlock(baseX,baseY+1,baseZ+2,block.AIR.id)

        mc.setBlock(baseX,baseY,baseZ,block.WOOL.id,4)
        mc.setBlock(baseX,baseY,baseZ+1,block.WOOL.id,4)
        mc.setBlock(baseX,baseY,baseZ+2,block.WOOL.id,4)

    if num == 2:
        mc.setBlock(baseX,baseY+4,baseZ,block.WOOL.id,4)
        mc.setBlock(baseX,baseY+4,baseZ+1,block.WOOL.id,4)
        mc.setBlock(baseX,baseY+4,baseZ+2,block.WOOL.id,4)
```

```
        mc.setBlock(baseX,baseY+3,baseZ,block.AIR.id)
        mc.setBlock(baseX,baseY+3,baseZ+1,block.AIR.id)
        mc.setBlock(baseX,baseY+3,baseZ+2,block.WOOL.id,4)

        mc.setBlock(baseX,baseY+2,baseZ,block.WOOL.id,4)
        mc.setBlock(baseX,baseY+2,baseZ+1,block.WOOL.id,4)
        mc.setBlock(baseX,baseY+2,baseZ+2,block.WOOL.id,4)

        mc.setBlock(baseX,baseY+1,baseZ,block.WOOL.id,4)
        mc.setBlock(baseX,baseY+1,baseZ+1,block.AIR.id)
        mc.setBlock(baseX,baseY+1,baseZ+2,block.AIR.id)

        mc.setBlock(baseX,baseY,baseZ,block.WOOL.id,4)
        mc.setBlock(baseX,baseY,baseZ+1,block.WOOL.id,4)
        mc.setBlock(baseX,baseY,baseZ+2,block.WOOL.id,4)

    if num == 3:
        mc.setBlock(baseX,baseY+4,baseZ,block.WOOL.id,4)
        mc.setBlock(baseX,baseY+4,baseZ+1,block.WOOL.id,4)
        mc.setBlock(baseX,baseY+4,baseZ+2,block.WOOL.id,4)

        mc.setBlock(baseX,baseY+3,baseZ,block.AIR.id)
        mc.setBlock(baseX,baseY+3,baseZ+1,block.AIR.id)
        mc.setBlock(baseX,baseY+3,baseZ+2,block.WOOL.id,4)

        mc.setBlock(baseX,baseY+2,baseZ,block.AIR.id)
        mc.setBlock(baseX,baseY+2,baseZ+1,block.WOOL.id,4)
        mc.setBlock(baseX,baseY+2,baseZ+2,block.WOOL.id,4)

        mc.setBlock(baseX,baseY+1,baseZ,block.AIR.id)
        mc.setBlock(baseX,baseY+1,baseZ+1,block.AIR.id)
        mc.setBlock(baseX,baseY+1,baseZ+2,block.WOOL.id,4)

        mc.setBlock(baseX,baseY,baseZ,block.WOOL.id,4)
        mc.setBlock(baseX,baseY,baseZ+1,block.WOOL.id,4)
        mc.setBlock(baseX,baseY,baseZ+2,block.WOOL.id,4)

    if num == 4:
        mc.setBlock(baseX,baseY+4,baseZ,block.WOOL.id,4)
        mc.setBlock(baseX,baseY+4,baseZ+1,block.AIR.id)
        mc.setBlock(baseX,baseY+4,baseZ+2,block.WOOL.id,4)

        mc.setBlock(baseX,baseY+3,baseZ,block.WOOL.id,4)
        mc.setBlock(baseX,baseY+3,baseZ+1,block.AIR.id)
        mc.setBlock(baseX,baseY+3,baseZ+2,block.WOOL.id,4)

        mc.setBlock(baseX,baseY+2,baseZ,block.WOOL.id,4)
        mc.setBlock(baseX,baseY+2,baseZ+1,block.WOOL.id,4)
        mc.setBlock(baseX,baseY+2,baseZ+2,block.WOOL.id,4)
```

```
        mc.setBlock(baseX,baseY+1,baseZ,block.AIR.id)
        mc.setBlock(baseX,baseY+1,baseZ+1,block.AIR.id)
        mc.setBlock(baseX,baseY+1,baseZ+2,block.WOOL.id,4)

        mc.setBlock(baseX,baseY,baseZ,block.AIR.id)
        mc.setBlock(baseX,baseY,baseZ+1,block.AIR.id)
        mc.setBlock(baseX,baseY,baseZ+2,block.WOOL.id,4)

    if num == 5:
        mc.setBlock(baseX,baseY+4,baseZ,block.WOOL.id,4)
        mc.setBlock(baseX,baseY+4,baseZ+1,block.WOOL.id,4)
        mc.setBlock(baseX,baseY+4,baseZ+2,block.WOOL.id,4)

        mc.setBlock(baseX,baseY+3,baseZ,block.WOOL.id,4)
        mc.setBlock(baseX,baseY+3,baseZ+1,block.AIR.id)
        mc.setBlock(baseX,baseY+3,baseZ+2,block.AIR.id)

        mc.setBlock(baseX,baseY+2,baseZ,block.WOOL.id,4)
        mc.setBlock(baseX,baseY+2,baseZ+1,block.WOOL.id,4)
        mc.setBlock(baseX,baseY+2,baseZ+2,block.WOOL.id,4)

        mc.setBlock(baseX,baseY+1,baseZ,block.AIR.id)
        mc.setBlock(baseX,baseY+1,baseZ+1,block.AIR.id)
        mc.setBlock(baseX,baseY+1,baseZ+2,block.WOOL.id,4)

        mc.setBlock(baseX,baseY,baseZ,block.WOOL.id,4)
        mc.setBlock(baseX,baseY,baseZ+1,block.WOOL.id,4)
        mc.setBlock(baseX,baseY,baseZ+2,block.WOOL.id,4)

    if num == 6:
        mc.setBlock(baseX,baseY+4,baseZ,block.WOOL.id,4)
        mc.setBlock(baseX,baseY+4,baseZ+1,block.WOOL.id,4)
        mc.setBlock(baseX,baseY+4,baseZ+2,block.WOOL.id,4)

        mc.setBlock(baseX,baseY+3,baseZ,block.WOOL.id,4)
        mc.setBlock(baseX,baseY+3,baseZ+1,block.AIR.id)
        mc.setBlock(baseX,baseY+3,baseZ+2,block.AIR.id)

        mc.setBlock(baseX,baseY+2,baseZ,block.WOOL.id,4)
        mc.setBlock(baseX,baseY+2,baseZ+1,block.WOOL.id,4)
        mc.setBlock(baseX,baseY+2,baseZ+2,block.WOOL.id,4)

        mc.setBlock(baseX,baseY+1,baseZ,block.WOOL.id,4)
        mc.setBlock(baseX,baseY+1,baseZ+1,block.AIR.id)
        mc.setBlock(baseX,baseY+1,baseZ+2,block.WOOL.id,4)

        mc.setBlock(baseX,baseY,baseZ,block.WOOL.id,4)
        mc.setBlock(baseX,baseY,baseZ+1,block.WOOL.id,4)
        mc.setBlock(baseX,baseY,baseZ+2,block.WOOL.id,4)
```

```
    if num == 7:
        mc.setBlock(baseX,baseY+4,baseZ,block.WOOL.id,4)
        mc.setBlock(baseX,baseY+4,baseZ+1,block.WOOL.id,4)
        mc.setBlock(baseX,baseY+4,baseZ+2,block.WOOL.id,4)

        mc.setBlock(baseX,baseY+3,baseZ,block.AIR.id)
        mc.setBlock(baseX,baseY+3,baseZ+1,block.AIR.id)
        mc.setBlock(baseX,baseY+3,baseZ+2,block.WOOL.id,4)

        mc.setBlock(baseX,baseY+2,baseZ,block.AIR.id)
        mc.setBlock(baseX,baseY+2,baseZ+1,block.AIR.id)
        mc.setBlock(baseX,baseY+2,baseZ+2,block.WOOL.id,4)

        mc.setBlock(baseX,baseY+1,baseZ,block.AIR.id)
        mc.setBlock(baseX,baseY+1,baseZ+1,block.AIR.id)
        mc.setBlock(baseX,baseY+1,baseZ+2,block.WOOL.id,4)

        mc.setBlock(baseX,baseY,baseZ,block.AIR.id)
        mc.setBlock(baseX,baseY,baseZ+1,block.AIR.id)
        mc.setBlock(baseX,baseY,baseZ+2,block.WOOL.id,4)

    if num == 8:
        mc.setBlock(baseX,baseY+4,baseZ,block.WOOL.id,4)
        mc.setBlock(baseX,baseY+4,baseZ+1,block.WOOL.id,4)
        mc.setBlock(baseX,baseY+4,baseZ+2,block.WOOL.id,4)

        mc.setBlock(baseX,baseY+3,baseZ,block.WOOL.id,4)
        mc.setBlock(baseX,baseY+3,baseZ+1,block.AIR.id)
        mc.setBlock(baseX,baseY+3,baseZ+2,block.WOOL.id,4)

        mc.setBlock(baseX,baseY+2,baseZ,block.WOOL.id,4)
        mc.setBlock(baseX,baseY+2,baseZ+1,block.WOOL.id,4)
        mc.setBlock(baseX,baseY+2,baseZ+2,block.WOOL.id,4)

        mc.setBlock(baseX,baseY+1,baseZ,block.WOOL.id,4)
        mc.setBlock(baseX,baseY+1,baseZ+1,block.AIR.id)
        mc.setBlock(baseX,baseY+1,baseZ+2,block.WOOL.id,4)

        mc.setBlock(baseX,baseY,baseZ,block.WOOL.id,4)
        mc.setBlock(baseX,baseY,baseZ+1,block.WOOL.id,4)
        mc.setBlock(baseX,baseY,baseZ+2,block.WOOL.id,4)

    if num == 9:
        mc.setBlock(baseX,baseY+4,baseZ,block.WOOL.id,4)
        mc.setBlock(baseX,baseY+4,baseZ+1,block.WOOL.id,4)
        mc.setBlock(baseX,baseY+4,baseZ+2,block.WOOL.id,4)

        mc.setBlock(baseX,baseY+3,baseZ,block.WOOL.id,4)
```

```
        mc.setBlock(baseX,baseY+3,baseZ+1,block.AIR.id)
        mc.setBlock(baseX,baseY+3,baseZ+2,block.WOOL.id,4)

        mc.setBlock(baseX,baseY+2,baseZ,block.WOOL.id,4)
        mc.setBlock(baseX,baseY+2,baseZ+1,block.WOOL.id,4)
        mc.setBlock(baseX,baseY+2,baseZ+2,block.WOOL.id,4)

        mc.setBlock(baseX,baseY+1,baseZ,block.AIR.id)
        mc.setBlock(baseX,baseY+1,baseZ+1,block.AIR.id)
        mc.setBlock(baseX,baseY+1,baseZ+2,block.WOOL.id,4)

        mc.setBlock(baseX,baseY,baseZ,block.WOOL.id,4)
        mc.setBlock(baseX,baseY,baseZ+1,block.WOOL.id,4)
        mc.setBlock(baseX,baseY,baseZ+2,block.WOOL.id,4)
```

完善之后的函数就能够处理 num 参数了，当 num 不同时，会执行不同的 if 语句块，最终显示不同的数字。

6.3.2 西侧的比分

处理了黄色一方的分数显示后，我们再来看看蓝色一方的分数显示。蓝色一方位于球场西侧，门框的代码如下。

```
mc.setBlocks(-29,3,-5,-29,3,5,block.WOOL.id,11)
```

由于西侧门框我们是从东往西看，所以看到的对应门框所有方块的坐标如下。

-29,3,5	-29,3,4	-29,3,3	-29,3,2	-29,3,1	-29,3,0	-29,3,-1	-29,3,-2	-29,3,-3	-29,3,-4	-29,3,-5

由此，我们可以得知显示的数字的基点坐标为（-29,5,1），即中心偏左一格往上两格位置。同时，我们还能得到一张偏移量的表，见表 6.3。

表 6.3　位置相对坐标

方块位置标识	垂直坐标偏移（y 方向）	水平坐标偏移（x 或 z 方向）
A1	+4	0
B1	+4	−1
C1	+4	−2
A2	+3	0
B2	+3	−1
C2	+3	−2
A3	+2	0
B3	+2	−1
C3	+2	−2
A4	+1	0

续表

方块位置标识	垂直坐标偏移（y 方向）	水平坐标偏移（x 或 z 方向）
B4	+1	−1
C4	+1	−2
A5	0	0
B5	0	−1
C5	0	−2

由表6.1和表6.3可以完成函数showBlueScore。该函数同样也有4个参数，内容如下。

```
def showBlueScore(baseX,baseY,baseZ,num):
    if num == 0:
        mc.setBlock(baseX,baseY+4,baseZ,block.WOOL.id,11)
        mc.setBlock(baseX,baseY+4,baseZ-1,block.WOOL.id,11)
        mc.setBlock(baseX,baseY+4,baseZ-2,block.WOOL.id,11)

        mc.setBlock(baseX,baseY+3,baseZ,block.WOOL.id,11)
        mc.setBlock(baseX,baseY+3,baseZ-1,block.AIR.id)
        mc.setBlock(baseX,baseY+3,baseZ-2,block.WOOL.id,11)

        mc.setBlock(baseX,baseY+2,baseZ,block.WOOL.id,11)
        mc.setBlock(baseX,baseY+2,baseZ-1,block.AIR.id)
        mc.setBlock(baseX,baseY+2,baseZ-2,block.WOOL.id,11)

        mc.setBlock(baseX,baseY+1,baseZ,block.WOOL.id,11)
        mc.setBlock(baseX,baseY+1,baseZ-1,block.AIR.id)
        mc.setBlock(baseX,baseY+1,baseZ-2,block.WOOL.id,11)

        mc.setBlock(baseX,baseY,baseZ,block.WOOL.id,11)
        mc.setBlock(baseX,baseY,baseZ-1,block.WOOL.id,11)
        mc.setBlock(baseX,baseY,baseZ-2,block.WOOL.id,11)

    if num == 1:
        mc.setBlock(baseX,baseY+4,baseZ,block.AIR.id)
        mc.setBlock(baseX,baseY+4,baseZ-1,block.WOOL.id,11)
        mc.setBlock(baseX,baseY+4,baseZ-2,block.AIR.id)

        mc.setBlock(baseX,baseY+3,baseZ,block.WOOL.id,11)
        mc.setBlock(baseX,baseY+3,baseZ-1,block.WOOL.id,11)
        mc.setBlock(baseX,baseY+3,baseZ-2,block.AIR.id)

        mc.setBlock(baseX,baseY+2,baseZ,block.AIR.id)
        mc.setBlock(baseX,baseY+2,baseZ-1,block.WOOL.id,11)
        mc.setBlock(baseX,baseY+2,baseZ-2,block.AIR.id)

        mc.setBlock(baseX,baseY+1,baseZ,block.AIR.id)
        mc.setBlock(baseX,baseY+1,baseZ-1,block.WOOL.id,11)
        mc.setBlock(baseX,baseY+1,baseZ-2,block.AIR.id)
```

```
        mc.setBlock(baseX,baseY,baseZ,block.WOOL.id,11)
        mc.setBlock(baseX,baseY,baseZ-1,block.WOOL.id,11)
        mc.setBlock(baseX,baseY,baseZ-2,block.WOOL.id,11)

    if num == 2:
        mc.setBlock(baseX,baseY+4,baseZ,block.WOOL.id,11)
        mc.setBlock(baseX,baseY+4,baseZ-1,block.WOOL.id,11)
        mc.setBlock(baseX,baseY+4,baseZ-2,block.WOOL.id,11)

        mc.setBlock(baseX,baseY+3,baseZ,block.AIR.id)
        mc.setBlock(baseX,baseY+3,baseZ-1,block.AIR.id)
        mc.setBlock(baseX,baseY+3,baseZ-2,block.WOOL.id,11)

        mc.setBlock(baseX,baseY+2,baseZ,block.WOOL.id,11)
        mc.setBlock(baseX,baseY+2,baseZ-1,block.WOOL.id,11)
        mc.setBlock(baseX,baseY+2,baseZ-2,block.WOOL.id,11)

        mc.setBlock(baseX,baseY+1,baseZ,block.WOOL.id,11)
        mc.setBlock(baseX,baseY+1,baseZ-1,block.AIR.id)
        mc.setBlock(baseX,baseY+1,baseZ-2,block.AIR.id)

        mc.setBlock(baseX,baseY,baseZ,block.WOOL.id,11)
        mc.setBlock(baseX,baseY,baseZ-1,block.WOOL.id,11)
        mc.setBlock(baseX,baseY,baseZ-2,block.WOOL.id,11)

    if num == 3:
        mc.setBlock(baseX,baseY+4,baseZ,block.WOOL.id,11)
        mc.setBlock(baseX,baseY+4,baseZ-1,block.WOOL.id,11)
        mc.setBlock(baseX,baseY+4,baseZ-2,block.WOOL.id,11)

        mc.setBlock(baseX,baseY+3,baseZ,block.AIR.id)
        mc.setBlock(baseX,baseY+3,baseZ-1,block.AIR.id)
        mc.setBlock(baseX,baseY+3,baseZ-2,block.WOOL.id,11)

        mc.setBlock(baseX,baseY+2,baseZ,block.AIR.id)
        mc.setBlock(baseX,baseY+2,baseZ-1,block.WOOL.id,11)
        mc.setBlock(baseX,baseY+2,baseZ-2,block.WOOL.id,11)

        mc.setBlock(baseX,baseY+1,baseZ,block.AIR.id)
        mc.setBlock(baseX,baseY+1,baseZ-1,block.AIR.id)
        mc.setBlock(baseX,baseY+1,baseZ-2,block.WOOL.id,11)

        mc.setBlock(baseX,baseY,baseZ,block.WOOL.id,11)
        mc.setBlock(baseX,baseY,baseZ-1,block.WOOL.id,11)
        mc.setBlock(baseX,baseY,baseZ-2,block.WOOL.id,11)

    if num == 4:
        mc.setBlock(baseX,baseY+4,baseZ,block.WOOL.id,11)
        mc.setBlock(baseX,baseY+4,baseZ-1,block.AIR.id)
        mc.setBlock(baseX,baseY+4,baseZ-2,block.WOOL.id,11)

        mc.setBlock(baseX,baseY+3,baseZ,block.WOOL.id,11)
```

```
        mc.setBlock(baseX,baseY+3,baseZ-1,block.AIR.id)
        mc.setBlock(baseX,baseY+3,baseZ-2,block.WOOL.id,11)

        mc.setBlock(baseX,baseY+2,baseZ,block.WOOL.id,11)
        mc.setBlock(baseX,baseY+2,baseZ-1,block.WOOL.id,11)
        mc.setBlock(baseX,baseY+2,baseZ-2,block.WOOL.id,11)

        mc.setBlock(baseX,baseY+1,baseZ,block.AIR.id)
        mc.setBlock(baseX,baseY+1,baseZ-1,block.AIR.id)
        mc.setBlock(baseX,baseY+1,baseZ-2,block.WOOL.id,11)

        mc.setBlock(baseX,baseY,baseZ,block.AIR.id)
        mc.setBlock(baseX,baseY,baseZ-1,block.AIR.id)
        mc.setBlock(baseX,baseY,baseZ-2,block.WOOL.id,11)

    if num == 5:
        mc.setBlock(baseX,baseY+4,baseZ,block.WOOL.id,11)
        mc.setBlock(baseX,baseY+4,baseZ-1,block.WOOL.id,11)
        mc.setBlock(baseX,baseY+4,baseZ-2,block.WOOL.id,11)

        mc.setBlock(baseX,baseY+3,baseZ,block.WOOL.id,11)
        mc.setBlock(baseX,baseY+3,baseZ-1,block.AIR.id)
        mc.setBlock(baseX,baseY+3,baseZ-2,block.AIR.id)

        mc.setBlock(baseX,baseY+2,baseZ,block.WOOL.id,11)
        mc.setBlock(baseX,baseY+2,baseZ-1,block.WOOL.id,11)
        mc.setBlock(baseX,baseY+2,baseZ-2,block.WOOL.id,11)

        mc.setBlock(baseX,baseY+1,baseZ,block.AIR.id)
        mc.setBlock(baseX,baseY+1,baseZ-1,block.AIR.id)
        mc.setBlock(baseX,baseY+1,baseZ-2,block.WOOL.id,11)

        mc.setBlock(baseX,baseY,baseZ,block.WOOL.id,11)
        mc.setBlock(baseX,baseY,baseZ-1,block.WOOL.id,11)
        mc.setBlock(baseX,baseY,baseZ-2,block.WOOL.id,11)

    if num == 6:
        mc.setBlock(baseX,baseY+4,baseZ,block.WOOL.id,11)
        mc.setBlock(baseX,baseY+4,baseZ-1,block.WOOL.id,11)
        mc.setBlock(baseX,baseY+4,baseZ-2,block.WOOL.id,11)

        mc.setBlock(baseX,baseY+3,baseZ,block.WOOL.id,11)
        mc.setBlock(baseX,baseY+3,baseZ-1,block.AIR.id)
        mc.setBlock(baseX,baseY+3,baseZ-2,block.AIR.id)

        mc.setBlock(baseX,baseY+2,baseZ,block.WOOL.id,11)
        mc.setBlock(baseX,baseY+2,baseZ-1,block.WOOL.id,11)
        mc.setBlock(baseX,baseY+2,baseZ-2,block.WOOL.id,11)

        mc.setBlock(baseX,baseY+1,baseZ,block.WOOL.id,11)
        mc.setBlock(baseX,baseY+1,baseZ-1,block.AIR.id)
        mc.setBlock(baseX,baseY+1,baseZ-2,block.WOOL.id,11)
```

```
        mc.setBlock(baseX,baseY,baseZ,block.WOOL.id,11)
        mc.setBlock(baseX,baseY,baseZ-1,block.WOOL.id,11)
        mc.setBlock(baseX,baseY,baseZ-2,block.WOOL.id,11)

    if num == 7:
        mc.setBlock(baseX,baseY+4,baseZ,block.WOOL.id,11)
        mc.setBlock(baseX,baseY+4,baseZ-1,block.WOOL.id,11)
        mc.setBlock(baseX,baseY+4,baseZ-2,block.WOOL.id,11)

        mc.setBlock(baseX,baseY+3,baseZ,block.AIR.id)
        mc.setBlock(baseX,baseY+3,baseZ-1,block.AIR.id)
        mc.setBlock(baseX,baseY+3,baseZ-2,block.WOOL.id,11)

        mc.setBlock(baseX,baseY+2,baseZ,block.AIR.id)
        mc.setBlock(baseX,baseY+2,baseZ-1,block.AIR.id)
        mc.setBlock(baseX,baseY+2,baseZ-2,block.WOOL.id,11)

        mc.setBlock(baseX,baseY+1,baseZ,block.AIR.id)
        mc.setBlock(baseX,baseY+1,baseZ-1,block.AIR.id)
        mc.setBlock(baseX,baseY+1,baseZ-2,block.WOOL.id,11)

        mc.setBlock(baseX,baseY,baseZ,block.AIR.id)
        mc.setBlock(baseX,baseY,baseZ-1,block.AIR.id)
        mc.setBlock(baseX,baseY,baseZ-2,block.WOOL.id,11)

    if num == 8:
        mc.setBlock(baseX,baseY+4,baseZ,block.WOOL.id,11)
        mc.setBlock(baseX,baseY+4,baseZ-1,block.WOOL.id,11)
        mc.setBlock(baseX,baseY+4,baseZ-2,block.WOOL.id,11)

        mc.setBlock(baseX,baseY+3,baseZ,block.WOOL.id,11)
        mc.setBlock(baseX,baseY+3,baseZ-1,block.AIR.id)
        mc.setBlock(baseX,baseY+3,baseZ-2,block.WOOL.id,11)

        mc.setBlock(baseX,baseY+2,baseZ,block.WOOL.id,11)
        mc.setBlock(baseX,baseY+2,baseZ-1,block.WOOL.id,11)
        mc.setBlock(baseX,baseY+2,baseZ-2,block.WOOL.id,11)

        mc.setBlock(baseX,baseY+1,baseZ,block.WOOL.id,11)
        mc.setBlock(baseX,baseY+1,baseZ-1,block.AIR.id)
        mc.setBlock(baseX,baseY+1,baseZ-2,block.WOOL.id,11)

        mc.setBlock(baseX,baseY,baseZ,block.WOOL.id,11)
        mc.setBlock(baseX,baseY,baseZ-1,block.WOOL.id,11)
        mc.setBlock(baseX,baseY,baseZ-2,block.WOOL.id,11)

    if num == 9:
        mc.setBlock(baseX,baseY+4,baseZ,block.WOOL.id,11)
        mc.setBlock(baseX,baseY+4,baseZ-1,block.WOOL.id,11)
        mc.setBlock(baseX,baseY+4,baseZ-2,block.WOOL.id,11)
```

```
        mc.setBlock(baseX,baseY+3,baseZ,block.WOOL.id,11)
        mc.setBlock(baseX,baseY+3,baseZ-1,block.AIR.id)
        mc.setBlock(baseX,baseY+3,baseZ-2,block.WOOL.id,11)

        mc.setBlock(baseX,baseY+2,baseZ,block.WOOL.id,11)
        mc.setBlock(baseX,baseY+2,baseZ-1,block.WOOL.id,11)
        mc.setBlock(baseX,baseY+2,baseZ-2,block.WOOL.id,11)

        mc.setBlock(baseX,baseY+1,baseZ,block.AIR.id)
        mc.setBlock(baseX,baseY+1,baseZ-1,block.AIR.id)
        mc.setBlock(baseX,baseY+1,baseZ-2,block.WOOL.id,11)

        mc.setBlock(baseX,baseY,baseZ,block.WOOL.id,11)
        mc.setBlock(baseX,baseY,baseZ-1,block.WOOL.id,11)
        mc.setBlock(baseX,baseY,baseZ-2,block.WOOL.id,11)
```

最后，为简单起见，可以将函数 showYelloScore 和 showBlueScore 都放在函数 buildField 中，代码如下。

```
def buildField():
    mc.setBlocks(-29,0,-19,29,15,19,block.AIR.id)

    mc.setBlocks(-29,0,-19,29,0,19,block.WOOL.id,0)
    mc.setBlocks(-28,0,-18,28,0,18,block.WOOL.id,13)
    mc.setBlocks(ballPosX ,0,-19,ballPosX ,0,19,block.WOOL.id,0)
    mc.setBlocks(-29,0,-8,-18,0,8,block.WOOL.id,0)
    mc.setBlocks(29,0,-8,18,0,8,block.WOOL.id,0)
    mc.setBlocks(-28,0,-7,-19,0,7,block.WOOL.id,13)
    mc.setBlocks(28,0,-7,19,0,7,block.WOOL.id,13)

    mc.setBlocks(29,3,-5,29,3,5,block.WOOL.id,4)
    mc.setBlocks(-29,3,-5,-29,3,5,block.WOOL.id,11)
    showYelloScore(29,5,-1,yelloScore)
    showBlueScore(-29,5,1,blueScore)
```

这样双方的比分就都能够显示在门框上了。不过目前只能显示 10 分以下的比分，至于 10 分以上的比分，大家可以想想怎么来实现。

6.4 CSV 文件

6.4.1 什么是 CSV 文件

本小节我会介绍一种新的显示数字的方式，这种方式会通过 Python 来读取外部描述数字的文件，然后根据文件中的内容来显示数字。这种方式的优点是我们可以在不改变程序的情况下设定不同的数字字体（不过因为 3×5 的区域太小了，所以也就是 1 和 7 能变化一下）。

在进行文件操作之前，我们先来介绍一种特殊类型的文本文件——CSV 文件（逗号分隔文件）。CSV 文件中会用逗号将很多数值或字符串分隔开，这些内容可以用来表示一个简单的表格或数据库，而这里我会用 CSV 文件来保存数字的方块位置信息。

6.4.2 新建 CSV 文件

新建一个 CSV 文件的操作步骤如下。

（1）在 Python 中创建一个新的文件，文件内容按照表 6.1 中数字 1 的内容输入，分为5行，每行3个数字，每个数字后面都有一个逗号，其中数字0表示空气，数字1表示羊毛，完成后如图 6.6 所示。

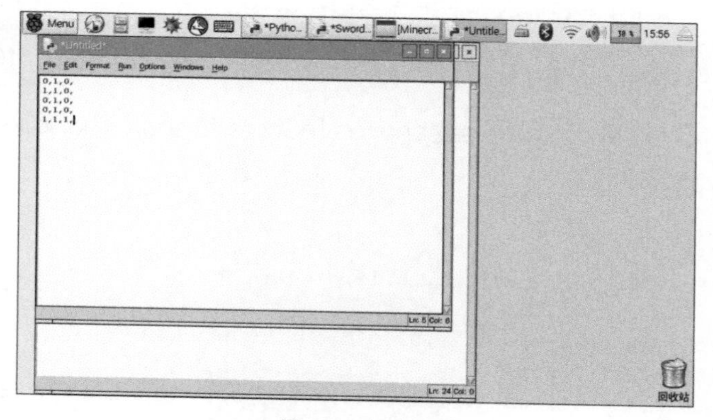

■ 图 6.6 新建文件

（2）选择“另存为”，在弹出的对话框中选择文件类型（Files of type）为“All files（*）”，然后在文件名（File name）中输入“num1.csv”作为文件名，如图 6.7 所示。

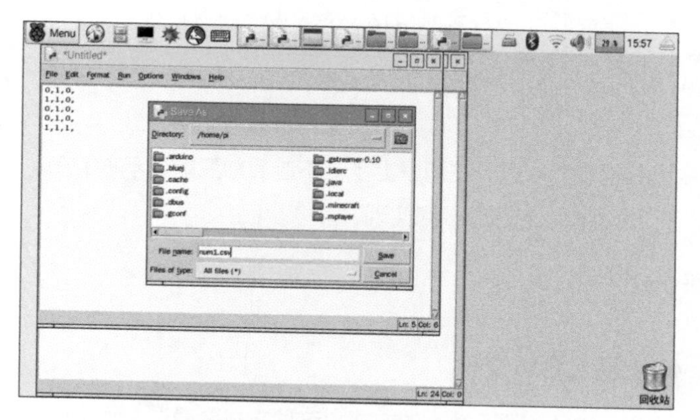

■ 图 6.7 保存为 num1.csv 文件

6.4.3 读取外部文件

这样一个 CSV 文件就创建好了，下面我们修改一下黄方显示比分 1 的代码，以此来说明在 Python 中如何读取外部的文件。

对应的代码如下。

```
def showYelloScore(baseX,baseY,baseZ,num):
    if num == 0:
        ......

    if num == 1:
        f = open("num1.csv","r")
        offsetY = 4
        offsetZ = 0
        for line in f.readlines():
            data = line.split(",")
            for cell in data:
                if cell == "1":
                    mc.setBlock(baseX,baseY+offsetY,baseZ+offsetZ,block.
WOOL.id,4)
                else:
                    mc.setBlock(baseX,baseY+offsetY,baseZ+offsetZ,blo
ck.AIR.id)

                offsetZ = offsetZ + 1

            offsetY = offsetY - 1
            offsetZ = 0

    if num == 2:
        ......
```

上面这段代码中，我们首先使用一个 open 函数在 Python 中打开文件 num1.csv。open 函数有两个参数，第一个参数是要打开的文件的文件名，第二个参数是打开的模式，r 表示读取模式。文件打开后保存在对象 f 中。

接着我们设定了两个偏移量的变量，由于文件是从上往下、从左往右读取的，而基点位置是数字的左下角，所以这里 *y* 方向的偏移量为 4，而 *z* 方向的偏移量为 0。

接着是 for 循环的嵌套，f 的 readlines 函数能够按照一行一行的形式读取文件中的信息，而在循环中，每次 line 中保存的都是其中一行的内容。

再往下 line 的函数 split(",") 能够按照逗号的分割把一行信息拆开，函数 split() 的参数是可变的，这里参数是逗号就表示按照逗号分割信息。分割后的内容保存在 data 中。

再往下的 for 循环会让 cell 一个一个地获取 data 中的值，如果值为 1 则生成一个黄色羊毛，否则生成一个空气，然后会让 *z* 方向的偏移量加 1。

一行数据，即一行的 data 数据处理完之后，让 *z* 方向的偏移量回到 0，同时 *y* 方向的偏移量减 1。这里注意在第一层 for 循环中将信息分割存为 data、处理信息 data、*y* 方向偏移量减 1 和 *z* 方向偏移量复位是在同一个层级的，如下。

```
for line in f.readlines():
    data = line.split(",")
    for cell in data:
        ......
    offsetY = offsetY - 1
    offsetZ = 0
```

运行一下程序，确认没有问题，再来看目前的程序是不是要比原来的程序简化多了。使用文件的形式不仅能简化显示单个数字的程序，而且能够简化整个显示分数的程序。

6.4.4 优化代码

现在我们再按照相同的方式修改一下显示数字 0 的代码看一下，操作步骤如下。

（1）新建 num0.csv 文件，如图 6.8 所示。

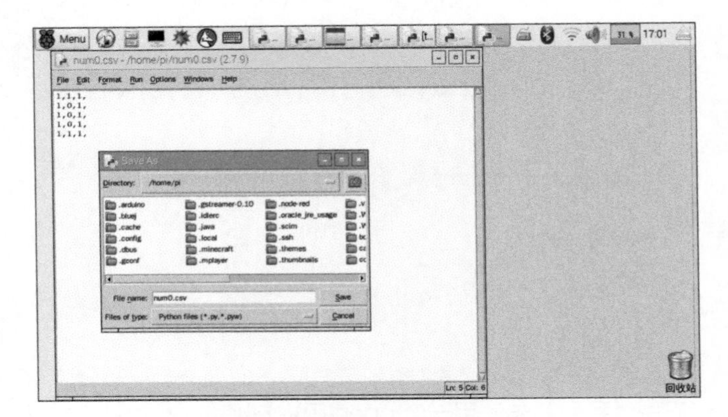

■ 图 6.8 新建 num0.csv 文件

（2）修改显示 0 的代码，如图 6.9 所示。

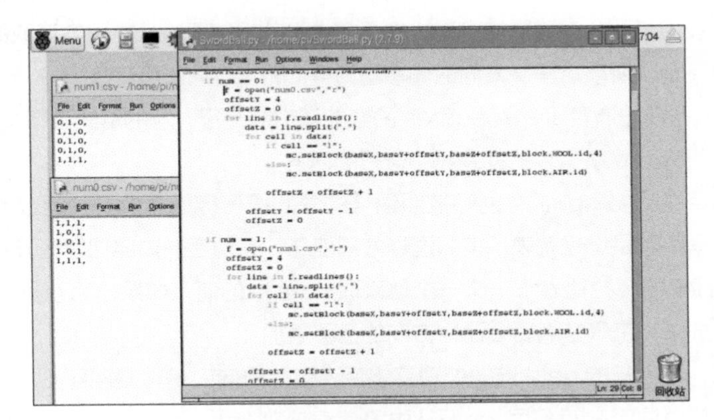

■ 图 6.9 修改显示 0 的代码

在图 6.9 中，我们能够看出来显示数字 0 和显示数字 1 的代码除了第一句 open() 函数中的第一个参数稍有不同外，剩下都是相同的。那么我们是不是可以将两段代码整合在一起呢？我们可以试试用一个字符串变量来把文件名组合出来，如图 6.10 所示。

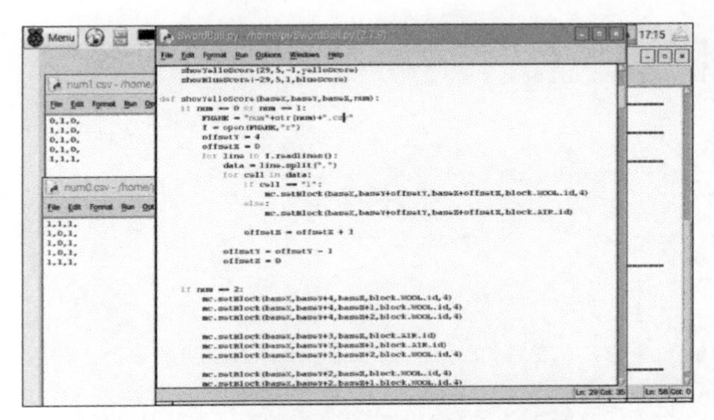

图 6.10　将显示数字 0 和显示数字 1 的代码整合在一起

这里我们用一个变量 FNAME 来保存文件名的信息，而这个文件名是由字符串“num”、变量 num 和字符串“.csv”组成的。

按照这种形式，我们只要分别创建各个数字的 csv 文件，就能够将 10 个数字的显示都整合在一起了。完成后，整个 showYelloScore 函数的代码如下。

```
def showYelloScore(baseX,baseY,baseZ,num):
    if num >= 0 and num <= 9:
        FNAME = "num"+str(num)+".csv"
        f = open(FNAME,"r")
        offsetY = 4
        offsetZ = 0
        for line in f.readlines():
            data = line.split(",")
            for cell in data:
                if cell == "1":
                    mc.setBlock(baseX,baseY+offsetY,baseZ+offsetZ,blo
ck.WOOL.id,4)
                else:
                    mc.setBlock(baseX,baseY+offsetY,baseZ+offsetZ,blo
ck.AIR.id)

                offsetZ = offsetZ + 1

            offsetY = offsetY - 1
            offsetZ = 0
```

注意，运行代码之前要将所有的 csv 文件创建好，分别命名为 num0.csv、num1.csv、num2.csv、num3.csv、num4.csv、num5.csv、num6.csv、num7.csv、num8.

csv、num9.csv。

优化完 showYelloScore 函数之后，我们还可以再优化一下 showBlueScore 函数。完成后，整个 SwordBall.py 文件的内容如下。

```
import mcpi.minecraft as minecraft
import mcpi.block as block

ballPosX = 0
ballPosY = 1
ballPosZ = 0
yelloScore = 0
blueScore = 0

def buildField():
    mc.setBlocks(-29,0,-19,29,15,19,block.AIR.id)

    mc.setBlocks(-29,0,-19,29,0,19,block.WOOL.id,0)
    mc.setBlocks(-28,0,-18,28,0,18,block.WOOL.id,13)
    mc.setBlocks(ballPosX,0,-19,ballPosX,0,19,block.WOOL.id,0)
    mc.setBlocks(-29,0,-8,-18,0,8,block.WOOL.id,0)
    mc.setBlocks(29,0,-8,18,0,8,block.WOOL.id,0)
    mc.setBlocks(-28,0,-7,-19,0,7,block.WOOL.id,13)
    mc.setBlocks(28,0,-7,19,0,7,block.WOOL.id,13)

    mc.setBlocks(29,3,-5,29,3,5,block.WOOL.id,4)
    mc.setBlocks(-29,3,-5,-29,3,5,block.WOOL.id,11)

    showYelloScore(29,5,-1,yelloScore)
    showBlueScore(-29,5,1,blueScore)

def showYelloScore(baseX,baseY,baseZ,num):
    if num >= 0 and num <= 9:
        FNAME = "num"+str(num)+".csv"
        f = open(FNAME,"r")
        offsetY = 4
        offsetZ = 0
        for line in f.readlines():
            data = line.split(",")
            for cell in data:
                if cell == "1":
                    mc.setBlock(baseX,baseY+offsetY,baseZ+offsetZ,blo
ck.WOOL.id,4)
                else:
                    mc.setBlock(baseX,baseY+offsetY,baseZ+offsetZ,blo
ck.AIR.id)

                offsetZ = offsetZ + 1

            offsetY = offsetY - 1
            offsetZ = 0
```

```
def showBlueScore(baseX,baseY,baseZ,num):
    if num >= 0 and num <= 9:
        FNAME = "num"+str(num)+".csv"
        f = open(FNAME,"r")
        offsetY = 4
        offsetZ = 0
        for line in f.readlines():
            data = line.split(",")
            for cell in data:
                if cell == "1":
                    mc.setBlock(baseX,baseY+offsetY,baseZ+offsetZ,blo
ck.WOOL.id,11)
                else:
                    mc.setBlock(baseX,baseY+offsetY,baseZ+offsetZ,blo
ck.AIR.id)

                offsetZ = offsetZ - 1

            offsetY = offsetY - 1
            offsetZ = 0


mc = minecraft.Minecraft.create()

mc.postToChat("welcome to nille's world")

buildField()

while True:
    if mc.getBlock(ballPosX,ballPosY,ballPosZ) == block.AIR.id:
        mc.setBlock(ballPosX,ballPosY,ballPosZ,block.WOOL.id,1)

    events = mc.events.pollBlockHits()

    for e in events:
        if e.pos.x == ballPosX and e.pos.y == ballPosY and e.pos.z == ballPosZ:

            if e.face == 5 :
                mc.setBlock(e.pos.x,e.pos.y,e.pos.z,block.AIR.id)
                mc.setBlock(e.pos.x-1,e.pos.y,e.pos.z,block.WOOL.id,1)
                ballPosX = ballPosX - 1
            if e.face == 3 :
                mc.setBlock(e.pos.x,e.pos.y,e.pos.z,block.AIR.id)
                mc.setBlock(e.pos.x,e.pos.y,e.pos.z-1,block.WOOL.id,1)
                ballPosZ = ballPosZ - 1
            if e.face == 4 :
                mc.setBlock(e.pos.x,e.pos.y,e.pos.z,block.AIR.id)
                mc.setBlock(e.pos.x+1,e.pos.y,e.pos.z,block.WOOL.id,1)
                ballPosX = ballPosX + 1
            if e.face == 2 :
```

```
                mc.setBlock(e.pos.x,e.pos.y,e.pos.z,block.AIR.id)
                mc.setBlock(e.pos.x,e.pos.y,e.pos.z+1,block.WOOL.id,1)
                ballPosZ = ballPosZ + 1


    if ballPosX <-29 or ballPosX > 29 or ballPosZ < -19 or ballPosZ > 19:
        if ballPosZ >= -5 and ballPosZ <= 5 :
            mc.postToChat('GOAL')
            if ballPosX <-29:
                yelloScore = yelloScore + 1

            if ballPosX > 29:
                blueScore = blueScore + 1

            mc.postToChat('YELLO:' + str(yelloScore) + '   BLUE:' +
str(blueScore))
        else:
            mc.postToChat('OUT')

        ballPosX = yelloScore - blueScore
        if ballPosX > 15:
            ballPosX = 15
        if ballPosX < -15:
            ballPosX = -15
        ballPosZ = 0
        buildField()
```

这样是不是要比原来简洁多了？

6.5 彩蛋：TNT 来了

由于 Raspberry Pi 上的《Minecraft》并不是完整版，所以有很多限制，比如只有创造模式、只有白天、物品也不全、没有与红石相关的方块。在所有的限制中，我想最让玩家无法接受的就是没有打火石，这样就没法引爆 TNT 方块了。

不过可以通过程序来生成一个能够引爆的 TNT 方块。本节我们就来介绍一下如何生成一个能够引爆的 TNT 方块。在这个“剑球”游戏中，生成 TNT 方块的条件就是“球”出界了，当球出界时，我们会在“球”出界的位置生成一个 TNT 方块，如果试图用左键消除 TNT 方块，它就会爆炸。

这个功能只需要添加一句代码即可，由上面的描述我们能够知道，这行代码要添加在出界判定之后，如下。

```
......
    if ballPosX <-29 or ballPosX > 29 or ballPosZ < -19 or ballPosZ > 19:
        mc.setBlock(ballPosX,ballPosY,ballPosZ,block.TNT.id,1)
        if ballPosZ >= -5 and ballPosZ <= 5 :
            mc.postToChat('GOAL')
```

```
            if ballPosX <-29:
                yelloScore = yelloScore + 1

            if ballPosX > 29:
                blueScore = blueScore + 1

            mc.postToChat('YELLO:' + str(yelloScore) + '    BLUE:' +
str(blueScore))
        else:
            mc.postToChat('OUT')
......
```

其实这就是设定了一个方块，方块类型是 block.TNT.id，而位置就是目前“球”出界的位置。

运行程序并让“球”出界，效果如图 6.11 所示，而 TNT 方块爆炸时的效果如图 6.12、图 6.13 所示。

■ 图 6.11 “球”出界后变成了 TNT 方块

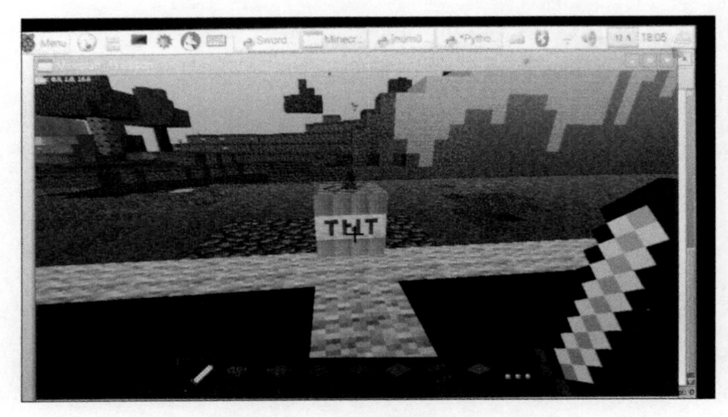

■ 图 6.12 用左键引爆 TNT 方块

■ 图 6.13　TNT 方块爆炸

6.6　显示时间

在本章的最后一部分，我们来说说球场之外的事情。一般的球场周边会有一圈广告牌，这个我们也可以添加，可以用手工的方式自己垒，也可以用外部文件的方式导入（csv 文件可并不仅仅能存储 0 和 1 两种字符）。

不过这里我要完成的功能是在球场边显示当前系统上的时间，其中会涉及大于 9 的数字的显示，大家可以参照它完成之前说的大于 9 的分数的显示。

6.6.1　获取系统时间

在 Python 中，要获取系统时间需要导入 datetime 库，将以下代码添加到 SwordBall.py 文件的起始位置。同时，考虑到时间显示在球场的北面（即显示的内容在 *x* 和 *y* 方向上有偏移量），我们要新建一个显示数字的函数 showNum，内容如下。

```
def showNum(baseX,baseY,baseZ,num):
    if num >= 0 and num <= 9:
        FNAME = "num"+str(num)+".csv"
        f = open(FNAME,"r")
        offsetY = 4
        offsetX = 0
        for line in f.readlines():
            data = line.split(",")
            for cell in data:
                if cell == "1":
                    mc.setBlock(baseX+offsetX,baseY+offsetY,baseZ,blo
ck.WOOL.id,15)
                else:
                    mc.setBlock(baseX+offsetX,baseY+offsetY,baseZ,blo
ck.AIR.id)
```

```
        offsetX = offsetX + 1

    offsetY = offsetY - 1
    offsetX = 0
```

6.6.2 显示形式

我使用的是黑色羊毛显示时间，至于显示的位置要在球场北面边缘之外，具体的位置如图 6.14 所示。

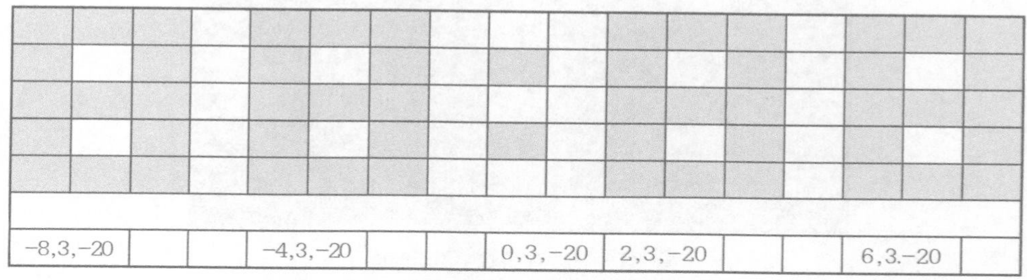

■ 图 6.14 时钟显示位置

图 6.14 中下面的坐标就是各个数字的基点位置，其中小时和分钟之间的小数点位于 x 坐标为 0 的位置（即球场的中线延长线上），两个点的具体坐标为（0,4,- 20）和（0,6,- 20）。

6.6.3 功能实现

参照图 6.14 完成的显示时间的代码如下。

```
        timeNow = datetime.datetime.now()
        showNum(-8,3,-20,timeNow.hour/10)
        showNum(-4,3,-20,timeNow.hour%10)
        mc.setBlock(0,4,-20,block.WOOL.id,15)
        mc.setBlock(0,6,-20,block.WOOL.id,15)
        showNum(2,3,-20,timeNow.minute/10)
        showNum(6,3,-20,timeNow.minute%10)
```

考虑到只有每次时间变化时我们才重新刷新时间，我们可以创建一个变量保存之前的时间，之后只有保存的时间和现在的时间不同时才会刷新时间。这个变量命名为 preTime，则添加了变量之后的代码如下。

```
    timeNow = datetime.datetime.now()
    if preTime != timeNow.minute:
        preTime = timeNow.minute
        showNum(-8,3,-20,timeNow.hour/10)
        showNum(-4,3,-20,timeNow.hour%10)
        mc.setBlock(0,4,-20,block.WOOL.id,15)
```

```
    mc.setBlock(0,6,-20,block.WOOL.id,15)
    showNum(2,3,-20,timeNow.minute/10)
    showNum(6,3,-20,timeNow.minute%10)
```

这段代码放在 while 循环中即可，在游戏中显示的效果如图 6.15 所示 。

■ 图 6.15　在游戏中显示时间

以上的代码还有一点小问题，就是当时间的小时数小于 10 时，会显示 03、04 或 05 这样的时间格式，这与我们平常看到的钟表显示不太一样，我们可以在显示小时数的十位时再多加一个判断，只有时间大于 10 时才显示 10 位上的数字，相应的代码如下。

```
timeNow = datetime.datetime.now()
if preTime != timeNow.minute:
    preTime = timeNow.minute
    if timeNow.hour/10 != 0:
        showNum(-8,3,-20,timeNow.hour/10)
    else:
        mc.setBlocks(-8,3,-20,-6,7,-20,block.AIR.id)
    showNum(-4,3,-20,timeNow.hour%10)
    mc.setBlock(0,4,-20,block.WOOL.id,15)
    mc.setBlock(0,6,-20,block.WOOL.id,15)
    showNum(2,3,-20,timeNow.minute/10)
    showNum(6,3,-20,timeNow.minute%10)
```

最终整个文件的代码如下。

```
import mcpi.minecraft as minecraft
import mcpi.block as block
import datetime

ballPosX = 0
ballPosY = 1
ballPosZ = 0
yelloScore = 0
```

```
blueScore = 0

preTime = 0

def buildField():
    mc.setBlocks(-29,0,-19,29,15,19,block.AIR.id)

    mc.setBlocks(-29,0,-19,29,0,19,block.WOOL.id,0)
    mc.setBlocks(-28,0,-18,28,0,18,block.WOOL.id,13)
    mc.setBlocks(ballPosX,0,-19,ballPosX,0,19,block.WOOL.id,0)
    mc.setBlocks(-29,0,-8,-18,0,8,block.WOOL.id,0)
    mc.setBlocks(29,0,-8,18,0,8,block.WOOL.id,0)
    mc.setBlocks(-28,0,-7,-19,0,7,block.WOOL.id,13)
    mc.setBlocks(28,0,-7,19,0,7,block.WOOL.id,13)

    mc.setBlocks(29,3,-5,29,3,5,block.WOOL.id,4)
    mc.setBlocks(-29,3,-5,-29,3,5,block.WOOL.id,11)

    showYelloScore(29,5,-1,yelloScore)
    showBlueScore(-29,5,1,blueScore)

def showYelloScore(baseX,baseY,baseZ,num):
    if num >= 0 and num <= 9:
        FNAME = "num"+str(num)+".csv"
        f = open(FNAME,"r")
        offsetY = 4
        offsetZ = 0
        for line in f.readlines():
            data = line.split(",")
            for cell in data:
                if cell == "1":
                    mc.setBlock(baseX,baseY+offsetY,baseZ+offsetZ,blo
ck.WOOL.id,4)
                else:
                    mc.setBlock(baseX,baseY+offsetY,baseZ+offsetZ,blo
ck.AIR.id)

                offsetZ = offsetZ + 1

            offsetY = offsetY - 1
            offsetZ = 0


def showBlueScore(baseX,baseY,baseZ,num):
    if num >= 0 and num <= 9:
        FNAME = "num"+str(num)+".csv"
        f = open(FNAME,"r")
        offsetY = 4
        offsetZ = 0
```

```
        for line in f.readlines():
            data = line.split(",")
            for cell in data:
                if cell == "1":
                    mc.setBlock(baseX,baseY+offsetY,baseZ+offsetZ,blo
ck.WOOL.id,11)
                else:
                    mc.setBlock(baseX,baseY+offsetY,baseZ+offsetZ,blo
ck.AIR.id)

                offsetZ = offsetZ - 1

            offsetY = offsetY - 1
            offsetZ = 0

def showNum(baseX,baseY,baseZ,num):
    if num >= 0 and num <= 9:
        FNAME = "num"+str(num)+".csv"
        f = open(FNAME,"r")
        offsetY = 4
        offsetX = 0
        for line in f.readlines():
            data = line.split(",")
            for cell in data:
                if cell == "1":
                    mc.setBlock(baseX+offsetX,baseY+offsetY,baseZ,blo
ck.WOOL.id,15)
                else:
                    mc.setBlock(baseX+offsetX,baseY+offsetY,baseZ,blo
ck.AIR.id)

                offsetX = offsetX + 1

            offsetY = offsetY - 1
            offsetX = 0

mc = minecraft.Minecraft.create()

mc.postToChat("welcome to nille's world")

buildField()

while True:
    if mc.getBlock(ballPosX,ballPosY,ballPosZ) == block.AIR.id:
        mc.setBlock(ballPosX,ballPosY,ballPosZ,block.WOOL.id,1)

    timeNow = datetime.datetime.now()
    if preTime != timeNow.minute:
        preTime = timeNow.minute
```

```
        if timeNow.hour/10 != 0:
            showNum(-8,3,-20,timeNow.hour/10)
        else:
            mc.setBlocks(-8,3,-20,-6,7,-20,block.AIR.id)
        showNum(-4,3,-20,timeNow.hour%10)
        mc.setBlock(0,4,-20,block.WOOL.id,15)
        mc.setBlock(0,6,-20,block.WOOL.id,15)
        showNum(2,3,-20,timeNow.minute/10)
        showNum(6,3,-20,timeNow.minute%10)

    events = mc.events.pollBlockHits()

    for e in events:
        if e.pos.x == ballPosX and e.pos.y == ballPosY and e.pos.z ==
ballPosZ:

            if e.face == 5 :
                mc.setBlock(e.pos.x,e.pos.y,e.pos.z,block.AIR.id)
                mc.setBlock(e.pos.x-1,e.pos.y,e.pos.z,block.WOOL.id,1)
                ballPosX = ballPosX - 1
            if e.face == 3 :
                mc.setBlock(e.pos.x,e.pos.y,e.pos.z,block.AIR.id)
                mc.setBlock(e.pos.x,e.pos.y,e.pos.z-1,block.WOOL.id,1)
                ballPosZ = ballPosZ - 1
            if e.face == 4 :
                mc.setBlock(e.pos.x,e.pos.y,e.pos.z,block.AIR.id)
                mc.setBlock(e.pos.x+1,e.pos.y,e.pos.z,block.WOOL.id,1)
                ballPosX = ballPosX + 1
            if e.face == 2 :
                mc.setBlock(e.pos.x,e.pos.y,e.pos.z,block.AIR.id)
                mc.setBlock(e.pos.x,e.pos.y,e.pos.z+1,block.WOOL.id,1)
                ballPosZ = ballPosZ + 1


    if ballPosX <-29 or ballPosX > 29 or ballPosZ < -19 or ballPosZ > 19:
        mc.setBlock(ballPosX,ballPosY,ballPosZ,block.TNT.id,1)
        if ballPosZ >= -5 and ballPosZ <= 5 :
            mc.postToChat('GOAL')
            if ballPosX <-29:
                yelloScore = yelloScore + 1

            if ballPosX > 29:
                blueScore = blueScore + 1

            mc.postToChat('YELLO:' + str(yelloScore) + '   BLUE:' +
str(blueScore))
        else:
            mc.postToChat('OUT')
```

```
        ballPosX = yelloScore - blueScore
        if ballPosX > 15:
            ballPosX = 15
        if ballPosX < -15:
            ballPosX = -15
        ballPosZ = 0
        buildField()
```

多人玩游戏时的场景如图 6.16 所示。

■ 图 6.16　多人“剑球”游戏

7 五子棋

在完成了“剑球”游戏后，我突然想到通过击打方块这个事件，是不是也可以在《Minecraft》中完成一个五子棋的游戏呢？

7.1 绘制棋盘

7.1.1 二维数组

五子棋游戏的本质就是对二维数组的操作。我们先来说说整体的游戏构想：首先，游戏中要有一个黄色的棋盘，可以用黄色羊毛来实现；然后，当我们击打棋盘上的某个方块时，相应的方块就会变成黑色的或白色的（黑色羊毛或白色羊毛），这一点可能和下棋不一样，下棋时棋子是放在棋盘上的，而这里棋子像是嵌在棋盘里的；最后，根据棋盘中的黑白棋子判断输赢。

根据以上的描述，我们能够看出这里还是以羊毛为主要的方块，所以要回顾一下表 5.1 中羊毛的颜色对应的属性值。

由表 5.1 能够看到黄色的羊毛对应的属性值为 4，所以我们的棋盘数组起始的值就都是 4。假设棋盘大小是 30×30（围棋棋盘大小是 19×19），则创建的二维数组如下。

```
matrix = [
    [4,4,4,4,4,4,4,4,4,4,4,4,4,4,4,4,4,4,4,4,4,4,4,4,4,4,4,4,4,4],
    [4,4,4,4,4,4,4,4,4,4,4,4,4,4,4,4,4,4,4,4,4,4,4,4,4,4,4,4,4,4],
    [4,4,4,4,4,4,4,4,4,4,4,4,4,4,4,4,4,4,4,4,4,4,4,4,4,4,4,4,4,4],
    [4,4,4,4,4,4,4,4,4,4,4,4,4,4,4,4,4,4,4,4,4,4,4,4,4,4,4,4,4,4],
    [4,4,4,4,4,4,4,4,4,4,4,4,4,4,4,4,4,4,4,4,4,4,4,4,4,4,4,4,4,4],
    [4,4,4,4,4,4,4,4,4,4,4,4,4,4,4,4,4,4,4,4,4,4,4,4,4,4,4,4,4,4],
    [4,4,4,4,4,4,4,4,4,4,4,4,4,4,4,4,4,4,4,4,4,4,4,4,4,4,4,4,4,4],
    [4,4,4,4,4,4,4,4,4,4,4,4,4,4,4,4,4,4,4,4,4,4,4,4,4,4,4,4,4,4],
    [4,4,4,4,4,4,4,4,4,4,4,4,4,4,4,4,4,4,4,4,4,4,4,4,4,4,4,4,4,4],
    [4,4,4,4,4,4,4,4,4,4,4,4,4,4,4,4,4,4,4,4,4,4,4,4,4,4,4,4,4,4],
    [4,4,4,4,4,4,4,4,4,4,4,4,4,4,4,4,4,4,4,4,4,4,4,4,4,4,4,4,4,4],
    [4,4,4,4,4,4,4,4,4,4,4,4,4,4,4,4,4,4,4,4,4,4,4,4,4,4,4,4,4,4],
    [4,4,4,4,4,4,4,4,4,4,4,4,4,4,4,4,4,4,4,4,4,4,4,4,4,4,4,4,4,4],
    [4,4,4,4,4,4,4,4,4,4,4,4,4,4,4,4,4,4,4,4,4,4,4,4,4,4,4,4,4,4],
    [4,4,4,4,4,4,4,4,4,4,4,4,4,4,4,4,4,4,4,4,4,4,4,4,4,4,4,4,4,4],
    [4,4,4,4,4,4,4,4,4,4,4,4,4,4,4,4,4,4,4,4,4,4,4,4,4,4,4,4,4,4],
    [4,4,4,4,4,4,4,4,4,4,4,4,4,4,4,4,4,4,4,4,4,4,4,4,4,4,4,4,4,4],
    [4,4,4,4,4,4,4,4,4,4,4,4,4,4,4,4,4,4,4,4,4,4,4,4,4,4,4,4,4,4],
```

```
[4,4,4,4,4,4,4,4,4,4,4,4,4,4,4,4,4,4,4,4,4,4,4,4,4,4,4,4,4,4],
[4,4,4,4,4,4,4,4,4,4,4,4,4,4,4,4,4,4,4,4,4,4,4,4,4,4,4,4,4,4],
[4,4,4,4,4,4,4,4,4,4,4,4,4,4,4,4,4,4,4,4,4,4,4,4,4,4,4,4,4,4],
[4,4,4,4,4,4,4,4,4,4,4,4,4,4,4,4,4,4,4,4,4,4,4,4,4,4,4,4,4,4],
[4,4,4,4,4,4,4,4,4,4,4,4,4,4,4,4,4,4,4,4,4,4,4,4,4,4,4,4,4,4],
[4,4,4,4,4,4,4,4,4,4,4,4,4,4,4,4,4,4,4,4,4,4,4,4,4,4,4,4,4,4],
[4,4,4,4,4,4,4,4,4,4,4,4,4,4,4,4,4,4,4,4,4,4,4,4,4,4,4,4,4,4],
[4,4,4,4,4,4,4,4,4,4,4,4,4,4,4,4,4,4,4,4,4,4,4,4,4,4,4,4,4,4],
[4,4,4,4,4,4,4,4,4,4,4,4,4,4,4,4,4,4,4,4,4,4,4,4,4,4,4,4,4,4],
[4,4,4,4,4,4,4,4,4,4,4,4,4,4,4,4,4,4,4,4,4,4,4,4,4,4,4,4,4,4],
[4,4,4,4,4,4,4,4,4,4,4,4,4,4,4,4,4,4,4,4,4,4,4,4,4,4,4,4,4,4],
[4,4,4,4,4,4,4,4,4,4,4,4,4,4,4,4,4,4,4,4,4,4,4,4,4,4,4,4,4,4]
]
```

7.1.2 代码实现

绘制棋盘的代码就是将《Minecraft》中 x、z 平面上的方块按照数组的内容来设定，假设 y 坐标为 0，则对应代码形成的函数如下。

```
def Refresh():

    mc.setBlocks(0,0,0,29,15,29,block.AIR.id)

    for i in range(30):
        for j in range(30):
            mc.setBlock(i,0,j,block.WOOL.id,matrix[i][j])
```

在函数中，我们首先会清出来一片区域来“下棋”，这句代码和之前“剑球”游戏的代码很像。之后我们利用两个 for 循环来填充整个棋盘区域，其中变量 i 对应 x 坐标，变量 j 对应 z 坐标。

再加上代码的 import 部分，则目前的代码如图 7.1 所示。

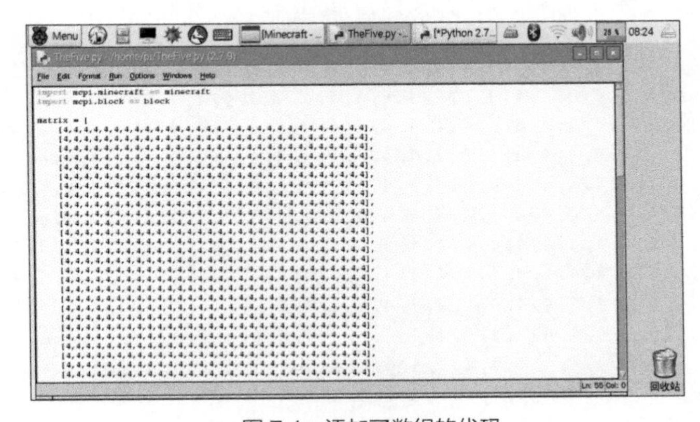

■ 图 7.1 添加了数组的代码

这里我们将代码文件命名为 TheFive.py，之后再加上创建对象以及绘制棋盘的函数，代码如下。

```
mc = minecraft.Minecraft.create()

mc.postToChat("welcome to nille's world")

Refresh()
```

此时运行程序，在游戏中的效果如图 7.2 所示。

■ 图 7.2 创建出 30×30 的黄色棋盘

7.2 落子

之后的代码，我们可以先用以下伪代码来说明一下。

```
while True:

    获取击打事件

    for e in events:
           if 击打事件在棋盘范围内：
               改变方块颜色
               修改数组中对应的值
               检查是否有五子相连的情况
           else:
               不做任何处理，提示超出范围
```

伪代码实际上不是真正的代码，你可以认为它是一个函数的书面表达形式，它能够帮助我们快速地理解整个程序。它和我们在猜词游戏中应用的方法类似，只不过在猜词游戏中，我们直接写出了函数，而这里我们用的是文字描述。

7.2.1 获取击打事件

获取击打事件的代码如下，这也可以参考“剑球”游戏。

```
events = mc.events.pollBlockHits()
```

之后判断击打事件是否在棋盘范围内的代码实际上就是判断击打事件的 *x*、*z* 坐标值有没有超过范围，以及 *y* 坐标值是不是等于 0，具体代码如下。

```
if e.pos.x >= 0 and e.pos.x <= 29 and e.pos.y == 0 and e.pos.z >= 0 and
e.pos.z <= 29:
```

7.2.2 改变方块颜色

改变方块颜色这块还需要判断现在是黑方行棋还是白方行棋，所以在代码开始的位置，我们要设定一个变量 player，初始值为 0。0 表示黑方行棋，而 1 表示白方行棋。具体代码如下。

```
if player == 0:
    mc.setBlock(e.pos.x,e.pos.y,e.pos.z,block.WOOL.id,15)
    player = 1
else:
    mc.setBlock(e.pos.x,e.pos.y,e.pos.z,block.WOOL.id,0)
    player = 0
```

7.2.3 更改数组

然后修改数组中对应的值，这也是要先判断现在是黑方行棋还是白方行棋，所以要放在上面的代码中，修改后代码如下。

```
if player == 0:
    mc.setBlock(e.pos.x,e.pos.y,e.pos.z,block.WOOL.id,15)
    matrix[e.pos.x][e.pos.z] = 15
    player = 1

else:
    mc.setBlock(e.pos.x,e.pos.y,e.pos.z,block.WOOL.id,0)
    matrix[e.pos.x][e.pos.z] = 0
    player = 0
```

7.3 五子相连

7.3.1 落子效果

之后检查五子相连的情况，我们可以先用一个函数 check 代替。函数 check 中的内容可以只放一句 pass，表示现在先不做处理。函数 check 定义如下。

```
def check():
    pass
```

最后，提示超出范围的代码可以用一句 postToChat 来完成，如下。

```
mc.postToChat("OUT OF RANGE")
```

代码完成后，在游戏中的运行效果如图 7.3 所示。

■ 图 7.3 在棋盘中摆放棋子

此时就已经有下棋的感觉了，而当我们在棋盘外侧击打方块时，效果如图 7.4 所示。

■ 图 7.4 击打事件超出棋盘范围

7.3.2 重复落子问题

此时你可能会发现一个问题，当我们击打一个方块让其变为黑色时，如果再次击打这个方块，它会再次变为白色，这主要是因为目前我们没有判断击打的方块是不是已经被击打过了。

由程序我们知道，当棋盘为空时，对应数组中的值为 4；当棋子变为黑色时，会将数组中对应的数值置为 15（即黑色羊毛对应的属性值）；而当棋子变为白色时，会将数组中对应的数值置为 0（即白色羊毛对应的属性值）。由此我们可以增加一个判断，只有当数组中对应的值为 4 时，才改变方块，调整后的代码如下。

```
        if player == 0 and matrix[e.pos.x][e.pos.z] == 4:
            mc.setBlock(e.pos.x,e.pos.y,e.pos.z,block.WOOL.id,15)
            matrix[e.pos.x][e.pos.z] = 15
            player = 1

        elif player == 1 and matrix[e.pos.x][e.pos.z] == 4:
            mc.setBlock(e.pos.x,e.pos.y,e.pos.z,block.WOOL.id,0)
            matrix[e.pos.x][e.pos.z] = 0
            player = 0
```

此时完整的代码如下。

```
import mcpi.minecraft as minecraft
import mcpi.block as block

matrix = [
    [4,4,4,4,4,4,4,4,4,4,4,4,4,4,4,4,4,4,4,4,4,4,4,4,4,4,4,4,4,4,4,4],
    [4,4,4,4,4,4,4,4,4,4,4,4,4,4,4,4,4,4,4,4,4,4,4,4,4,4,4,4,4,4,4,4],
    [4,4,4,4,4,4,4,4,4,4,4,4,4,4,4,4,4,4,4,4,4,4,4,4,4,4,4,4,4,4,4,4],
    [4,4,4,4,4,4,4,4,4,4,4,4,4,4,4,4,4,4,4,4,4,4,4,4,4,4,4,4,4,4,4,4],
    [4,4,4,4,4,4,4,4,4,4,4,4,4,4,4,4,4,4,4,4,4,4,4,4,4,4,4,4,4,4,4,4],
    [4,4,4,4,4,4,4,4,4,4,4,4,4,4,4,4,4,4,4,4,4,4,4,4,4,4,4,4,4,4,4,4],
    [4,4,4,4,4,4,4,4,4,4,4,4,4,4,4,4,4,4,4,4,4,4,4,4,4,4,4,4,4,4,4,4],
    [4,4,4,4,4,4,4,4,4,4,4,4,4,4,4,4,4,4,4,4,4,4,4,4,4,4,4,4,4,4,4,4],
    [4,4,4,4,4,4,4,4,4,4,4,4,4,4,4,4,4,4,4,4,4,4,4,4,4,4,4,4,4,4,4,4],
    [4,4,4,4,4,4,4,4,4,4,4,4,4,4,4,4,4,4,4,4,4,4,4,4,4,4,4,4,4,4,4,4],
    [4,4,4,4,4,4,4,4,4,4,4,4,4,4,4,4,4,4,4,4,4,4,4,4,4,4,4,4,4,4,4,4],
    [4,4,4,4,4,4,4,4,4,4,4,4,4,4,4,4,4,4,4,4,4,4,4,4,4,4,4,4,4,4,4,4],
    [4,4,4,4,4,4,4,4,4,4,4,4,4,4,4,4,4,4,4,4,4,4,4,4,4,4,4,4,4,4,4,4],
    [4,4,4,4,4,4,4,4,4,4,4,4,4,4,4,4,4,4,4,4,4,4,4,4,4,4,4,4,4,4,4,4],
    [4,4,4,4,4,4,4,4,4,4,4,4,4,4,4,4,4,4,4,4,4,4,4,4,4,4,4,4,4,4,4,4],
    [4,4,4,4,4,4,4,4,4,4,4,4,4,4,4,4,4,4,4,4,4,4,4,4,4,4,4,4,4,4,4,4],
    [4,4,4,4,4,4,4,4,4,4,4,4,4,4,4,4,4,4,4,4,4,4,4,4,4,4,4,4,4,4,4,4],
    [4,4,4,4,4,4,4,4,4,4,4,4,4,4,4,4,4,4,4,4,4,4,4,4,4,4,4,4,4,4,4,4],
    [4,4,4,4,4,4,4,4,4,4,4,4,4,4,4,4,4,4,4,4,4,4,4,4,4,4,4,4,4,4,4,4],
    [4,4,4,4,4,4,4,4,4,4,4,4,4,4,4,4,4,4,4,4,4,4,4,4,4,4,4,4,4,4,4,4],
    [4,4,4,4,4,4,4,4,4,4,4,4,4,4,4,4,4,4,4,4,4,4,4,4,4,4,4,4,4,4,4,4],
    [4,4,4,4,4,4,4,4,4,4,4,4,4,4,4,4,4,4,4,4,4,4,4,4,4,4,4,4,4,4,4,4],
    [4,4,4,4,4,4,4,4,4,4,4,4,4,4,4,4,4,4,4,4,4,4,4,4,4,4,4,4,4,4,4,4],
    [4,4,4,4,4,4,4,4,4,4,4,4,4,4,4,4,4,4,4,4,4,4,4,4,4,4,4,4,4,4,4,4],
    [4,4,4,4,4,4,4,4,4,4,4,4,4,4,4,4,4,4,4,4,4,4,4,4,4,4,4,4,4,4,4,4],
    [4,4,4,4,4,4,4,4,4,4,4,4,4,4,4,4,4,4,4,4,4,4,4,4,4,4,4,4,4,4,4,4],
    [4,4,4,4,4,4,4,4,4,4,4,4,4,4,4,4,4,4,4,4,4,4,4,4,4,4,4,4,4,4,4,4],
    [4,4,4,4,4,4,4,4,4,4,4,4,4,4,4,4,4,4,4,4,4,4,4,4,4,4,4,4,4,4,4,4],
    [4,4,4,4,4,4,4,4,4,4,4,4,4,4,4,4,4,4,4,4,4,4,4,4,4,4,4,4,4,4,4,4],
```

```
    [4,4,4,4,4,4,4,4,4,4,4,4,4,4,4,4,4,4,4,4,4,4,4,4,4,4,4,4,4,4]
    ]


player = 0

def Refresh():

    mc.setBlocks(0,0,0,29,15,29,block.AIR.id)

    for i in range(30):
        for j in range(30):
            mc.setBlock(i,0,j,block.WOOL.id,matrix[i][j])

def check():
    pass

mc = minecraft.Minecraft.create()

mc.postToChat("welcome to nille's world")

Refresh()

while True:

    events = mc.events.pollBlockHits()

    for e in events:
        if e.pos.x >= 0 and e.pos.x <= 29 and e.pos.y == 0 and e.pos.z
>= 0 and e.pos.z <= 29:
            if player == 0 and matrix[e.pos.x][e.pos.z] == 4:
                mc.setBlock(e.pos.x,e.pos.y,e.pos.z,block.WOOL.id,15)
                matrix[e.pos.x][e.pos.z] = 15
                player = 1

            elif player == 1 and matrix[e.pos.x][e.pos.z] == 4:
                mc.setBlock(e.pos.x,e.pos.y,e.pos.z,block.WOOL.id,0)
                matrix[e.pos.x][e.pos.z] = 0
                player = 0

            check()
        else:
            mc.postToChat("OUT OF RANGE")
```

7.3.3 获胜判断

下面我们来专门说说判断游戏胜负的代码。由于每次产生新的变化之前，游戏都是没有分出胜负的，只有每一次新变化的方块才会影响游戏的胜负，也就是说最后一个变化的方块一定是五子相连中的一个。因此，我们只需要判断最后一个变化的方块周边的方块就能完成胜负的判断。

如果是判断 *x* 方向是不是有五子相连的情况，相应的位置可以用图 7.5 表示。

x-4	x-3	x-2	x-1	x	x+1	x+2	x+3	x+4

■ 图 7.5　判断 *x* 方向是不是有五子相连的情况

这里还是用伪代码来表示，如下。

```
if x-1 位置上的方块颜色与本方块颜色一致:
        条件成立就说明至少两子相连
        if x-2 位置上的方块颜色与本方块颜色一致:
                条件成立说明至少有三子相连
                if x-3 位置上的方块颜色与本方块颜色一致:
                        条件成立说明至少有四子相连
                        if x-4 位置上的方块颜色与本方块颜色一致:
                                条件成立说明至少五子相连，胜利
                        else:
                                此时 x 负方向四子相连，需判断 x+1 方向的方块
                                if x+1 位置上的方块颜色与本方块颜色一致:
                                     胜利
                                else:
                                     else 中无操作，故省略，下同
                else:
                        此时 x 负方向三子相连，需判断 x+1 和 x+2 方向的方块
                        if x+1 位置上的方块颜色与本方块颜色一致:
                                已有四子相连，需判断 x+2 的方块
                                if x+2 位置上的方块颜色与本方块颜色一致:
                                     五子相连，胜利
                                else:
                        else:
        else:
                此时 x 负方向两子相连，需判断 x+1、x+2 和 x+3 的方块
                if x+1 位置上的方块颜色与本方块颜色一致:
                        已有三子相连，需判断 x+2 和 x+3 的方块
                        if x+2 位置上的方块颜色与本方块颜色一致:
                                已有四子相连，需判断 x+3 的方块
                                if x+3 位置上的方块颜色与本方块颜色一致:
                                     五子相连，胜利
else
        条件不成立则 x-1 的位置与本方块颜色不一致，这样就需要判断右侧的 4 个方块
        if x+1 位置上的方块颜色与本方块颜色一致:
                两子相连，要接着判断 x+2、x+3 和 x+4
                if x+2 位置上的方块颜色与本方块颜色一致:
                        已有三子相连，需判断 x+3 和 x+4 的方块
                        if x+3 位置上的方块颜色与本方块颜色一致:
```

```
            已有四子相连，需判断 x+4 的方块
                if x+4 位置上的方块颜色与本方块颜色一致：
                    五子相连，胜利
```

为了方便辨识，这里每一个对应的 if- else，我都使用了不同的颜色进行区分。根据上面这段伪代码，我们可以来完成真正的 check 函数了（部分的，因为只有一个方向上的判断）。

对于 check 函数来说有两点要说明：第一点，虽然伪代码中我们进行比较的是方块，但实际代码中我们比较的是数组的值；第二点，为了保证函数的独立性，用来比较的方块位置（或者说是数组中的具体位置）要作为参数传递给函数。最终我们得到的目前只能比较 *x* 方向的函数 check 内容如下。

```
def check(posX,posY):
    winFlag = 0
    if matrix[posX][posY] == matrix[posX-1][posY]:
        if matrix[posX][posY] == matrix[posX-2][posY]:
            if matrix[posX][posY] == matrix[posX-3][posY]:
                if matrix[posX][posY] == matrix[posX-4][posY]:
                    winFlag = 1
                else:
                    if matrix[posX][posY] == matrix[posX+1][posY]:
                        winFlag = 1
            else:
                if matrix[posX][posY] == matrix[posX+1][posY]:
                    if matrix[posX][posY] == matrix[posX+2][posY]:
                        winFlag = 1
        else:
            if matrix[posX][posY] == matrix[posX+1][posY]:
                if matrix[posX][posY] == matrix[posX+2][posY]:
                    if matrix[posX][posY] == matrix[posX+3][posY]:
                        winFlag = 1
    else:
        if matrix[posX][posY] == matrix[posX+1][posY]:
            if matrix[posX][posY] == matrix[posX+2][posY]:
                if matrix[posX][posY] == matrix[posX+3][posY]:
                    if matrix[posX][posY] == matrix[posX+4][posY]:
                        winFlag = 1

    if winFlag == 1:
        if player == 0:
            mc.postToChat("BLACK WIN!!!")
        else:
            mc.postToChat("WHITE WIN!!!")
```

函数中还定义了一个变量 winFlag，用来保存获胜的状态信息，这个变量初始值为 0，如果在之后的判断中出现了五子连成一条线的情况，则会将变量值设定为 1。最后再通过这个变量显示相应的提示信息。

在程序中也要把原来的：

```
check()
```

变为：

```
check(e.pos.x,e.pos.z)
```

完成以上的操作后运行程序，在 *x* 方向上击打棋盘，注意由于方块变换是一黑一白交替进行的，所以如果要保证出现一排黑色或白色的方块的话，就需要将两种颜色的方块岔开。当一方在 *x* 方向上达到 5 个时，就会出现提示。不过现在你会看到出现的提示信息与实际获胜情况是相反的，即如果黑色五子连成一条线，提示信息是“WHITE WIN！！！”；而如果白色五子连成一条线，提示信息是“BLACK WIN！！！”。造成这种情况的原因是当我们击打完方块之后，在更改了方块、改变了数组后，马上就更改了变量 player 的值，所以在这里的条件语句中，当 player 等于 0 时，实际上是白方赢了；而当 player 等于 1 时，实际上是黑方赢了。由此，对应的代码应该变为：

```
    if winFlag == 1:
        if player == 1:
            mc.postToChat("BLACK WIN!!!")
        else:
            mc.postToChat("WHITE WIN!!!")
```

另外，目前的程序还会出现一个问题，就是当我们在棋盘边缘击打方块时，由于 check 函数会比较边缘方块对应数组的周边位置，会超出数组的大小范围，造成程序出错。

解决这个问题最简单的方式就是让棋盘有一个边框，同时限定一下棋盘击打事件的范围。这里我将边框设定为灰色羊毛，对应属性值为 7，修改数组如下。

```
matrix = [
    [7,7,7,7,7,7,7,7,7,7,7,7,7,7,7,7,7,7,7,7,7,7,7,7,7,7,7,7,7,7],
    [7,4,4,4,4,4,4,4,4,4,4,4,4,4,4,4,4,4,4,4,4,4,4,4,4,4,4,4,4,7],
    [7,4,4,4,4,4,4,4,4,4,4,4,4,4,4,4,4,4,4,4,4,4,4,4,4,4,4,4,4,7],
    [7,4,4,4,4,4,4,4,4,4,4,4,4,4,4,4,4,4,4,4,4,4,4,4,4,4,4,4,4,7],
    [7,4,4,4,4,4,4,4,4,4,4,4,4,4,4,4,4,4,4,4,4,4,4,4,4,4,4,4,4,7],
    [7,4,4,4,4,4,4,4,4,4,4,4,4,4,4,4,4,4,4,4,4,4,4,4,4,4,4,4,4,7],
    [7,4,4,4,4,4,4,4,4,4,4,4,4,4,4,4,4,4,4,4,4,4,4,4,4,4,4,4,4,7],
    [7,4,4,4,4,4,4,4,4,4,4,4,4,4,4,4,4,4,4,4,4,4,4,4,4,4,4,4,4,7],
    [7,4,4,4,4,4,4,4,4,4,4,4,4,4,4,4,4,4,4,4,4,4,4,4,4,4,4,4,4,7],
    [7,4,4,4,4,4,4,4,4,4,4,4,4,4,4,4,4,4,4,4,4,4,4,4,4,4,4,4,4,7],
    [7,4,4,4,4,4,4,4,4,4,4,4,4,4,4,4,4,4,4,4,4,4,4,4,4,4,4,4,4,7],
    [7,4,4,4,4,4,4,4,4,4,4,4,4,4,4,4,4,4,4,4,4,4,4,4,4,4,4,4,4,7],
```

```
[7,4,4,4,4,4,4,4,4,4,4,4,4,4,4,4,4,4,4,4,4,4,4,4,4,4,4,4,4,7],
[7,4,4,4,4,4,4,4,4,4,4,4,4,4,4,4,4,4,4,4,4,4,4,4,4,4,4,4,4,7],
[7,4,4,4,4,4,4,4,4,4,4,4,4,4,4,4,4,4,4,4,4,4,4,4,4,4,4,4,4,7],
[7,4,4,4,4,4,4,4,4,4,4,4,4,4,4,4,4,4,4,4,4,4,4,4,4,4,4,4,4,7],
[7,4,4,4,4,4,4,4,4,4,4,4,4,4,4,4,4,4,4,4,4,4,4,4,4,4,4,4,4,7],
[7,4,4,4,4,4,4,4,4,4,4,4,4,4,4,4,4,4,4,4,4,4,4,4,4,4,4,4,4,7],
[7,4,4,4,4,4,4,4,4,4,4,4,4,4,4,4,4,4,4,4,4,4,4,4,4,4,4,4,4,7],
[7,4,4,4,4,4,4,4,4,4,4,4,4,4,4,4,4,4,4,4,4,4,4,4,4,4,4,4,4,7],
[7,4,4,4,4,4,4,4,4,4,4,4,4,4,4,4,4,4,4,4,4,4,4,4,4,4,4,4,4,7],
[7,4,4,4,4,4,4,4,4,4,4,4,4,4,4,4,4,4,4,4,4,4,4,4,4,4,4,4,4,7],
[7,4,4,4,4,4,4,4,4,4,4,4,4,4,4,4,4,4,4,4,4,4,4,4,4,4,4,4,4,7],
[7,4,4,4,4,4,4,4,4,4,4,4,4,4,4,4,4,4,4,4,4,4,4,4,4,4,4,4,4,7],
[7,4,4,4,4,4,4,4,4,4,4,4,4,4,4,4,4,4,4,4,4,4,4,4,4,4,4,4,4,7],
[7,4,4,4,4,4,4,4,4,4,4,4,4,4,4,4,4,4,4,4,4,4,4,4,4,4,4,4,4,7],
[7,4,4,4,4,4,4,4,4,4,4,4,4,4,4,4,4,4,4,4,4,4,4,4,4,4,4,4,4,7],
[7,4,4,4,4,4,4,4,4,4,4,4,4,4,4,4,4,4,4,4,4,4,4,4,4,4,4,4,4,7],
[7,4,4,4,4,4,4,4,4,4,4,4,4,4,4,4,4,4,4,4,4,4,4,4,4,4,4,4,4,7],
[7,7,7,7,7,7,7,7,7,7,7,7,7,7,7,7,7,7,7,7,7,7,7,7,7,7,7,7,7,7]
]
```

修改完成后，当我们在游戏中绘制棋盘时，就会看到一个灰色的边框，如图 7.6 所示。在击打方块部分的程序中，需要调整限定范围，在 x 和 z 方向上将范围限定在 1~28，对应的代码为：

```
if e.pos.x >= 1 and e.pos.x <= 28 and e.pos.y == 0 and e.pos.z >= 1 and
e.pos.z <= 28:
```

这样修改后，当检测程序运行时，代码遇到边框就会停止，不再往外侧检测，达到了避免程序出错的效果。

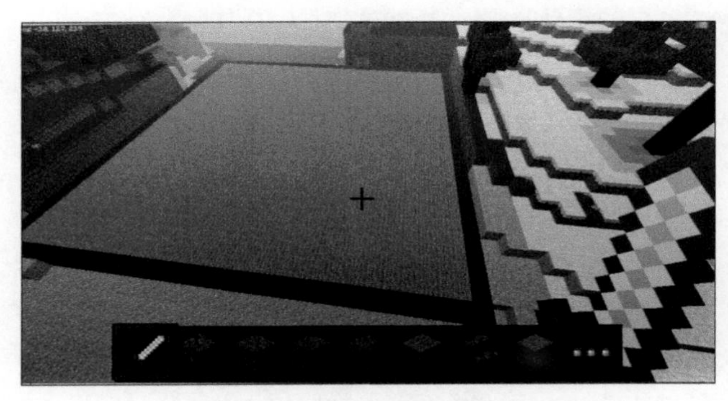

■ 图 7.6 添加的棋盘边框

测试一下游戏，看看上面的两个问题是不是都解决了。没什么问题的话，就可以按照检测 x 轴方向连子的方式，再添加相应的代码检测 z 轴方向和两个斜向的连子情况。注意两个斜向是不同的，一种是 x、z 都增加的情况，另一种是 x 和 z 一个增加、一个减小的情况。

完成后的 check 函数如下。

```
def check(posX,posY):
    winFlag = 0
    "-----------------------------------------------------------"
    if matrix[posX][posY] == matrix[posX-1][posY]:
        if matrix[posX][posY] == matrix[posX-2][posY]:
            if matrix[posX][posY] == matrix[posX-3][posY]:
                if matrix[posX][posY] == matrix[posX-4][posY]:
                    winFlag = 1
                else:
                    if matrix[posX][posY] == matrix[posX+1][posY]:
                        winFlag = 1
            else:
                if matrix[posX][posY] == matrix[posX+1][posY]:
                    if matrix[posX][posY] == matrix[posX+2][posY]:
                        winFlag = 1
        else:
            if matrix[posX][posY] == matrix[posX+1][posY]:
                if matrix[posX][posY] == matrix[posX+2][posY]:
                    if matrix[posX][posY] == matrix[posX+3][posY]:
                        winFlag = 1
    else:
        if matrix[posX][posY] == matrix[posX+1][posY]:
            if matrix[posX][posY] == matrix[posX+2][posY]:
                if matrix[posX][posY] == matrix[posX+3][posY]:
                    if matrix[posX][posY] == matrix[posX+4][posY]:
                        winFlag = 1

    "-----------------------------------------------------------"
    if matrix[posX][posY] == matrix[posX][posY-1]:
        if matrix[posX][posY] == matrix[posX][posY-2]:
            if matrix[posX][posY] == matrix[posX][posY-3]:
                if matrix[posX][posY] == matrix[posX][posY-4]:
                    winFlag = 1
                else:
                    if matrix[posX][posY] == matrix[posX][posY+1]:
                        winFlag = 1
            else:
                if matrix[posX][posY] == matrix[posX][posY+1]:
                    if matrix[posX][posY] == matrix[posX][posY+2]:
                        winFlag = 1
        else:
            if matrix[posX][posY] == matrix[posX][posY+1]:
                if matrix[posX][posY] == matrix[posX][posY+2]:
                    if matrix[posX][posY] == matrix[posX][posY+3]:
                        winFlag = 1
    else:
        if matrix[posX][posY] == matrix[posX][posY+1]:
```

```
        if matrix[posX][posY] == matrix[posX][posY+2]:
            if matrix[posX][posY] == matrix[posX][posY+3]:
                if matrix[posX][posY] == matrix[posX][posY+4]:
                    winFlag = 1

"--------------------------------------------------------------"
if matrix[posX][posY] == matrix[posX-1][posY-1]:
    if matrix[posX][posY] == matrix[posX-2][posY-2]:
        if matrix[posX][posY] == matrix[posX-3][posY-3]:
            if matrix[posX][posY] == matrix[posX-4][posY-4]:
                winFlag = 1
            else:
                if matrix[posX][posY] == matrix[posX+1][posY+1]:
                    winFlag = 1
        else:
            if matrix[posX][posY] == matrix[posX+1][posY+1]:
                if matrix[posX][posY] == matrix[posX+2][posY+2]:
                    winFlag = 1
    else:
        if matrix[posX][posY] == matrix[posX+1][posY+1]:
            if matrix[posX][posY] == matrix[posX+2][posY+2]:
                if matrix[posX][posY] == matrix[posX+3][posY+3]:
                    winFlag = 1
else:
    if matrix[posX][posY] == matrix[posX+1][posY+1]:
        if matrix[posX][posY] == matrix[posX+2][posY+2]:
            if matrix[posX][posY] == matrix[posX+3][posY+3]:
                if matrix[posX][posY] == matrix[posX+4][posY+4]:
                    winFlag = 1
"--------------------------------------------------------------"
if matrix[posX][posY] == matrix[posX-1][posY+1]:
    if matrix[posX][posY] == matrix[posX-2][posY+2]:
        if matrix[posX][posY] == matrix[posX-3][posY+3]:
            if matrix[posX][posY] == matrix[posX-4][posY+4]:
                winFlag = 1
            else:
                if matrix[posX][posY] == matrix[posX+1][posY-1]:
                    winFlag = 1
        else:
            if matrix[posX][posY] == matrix[posX+1][posY-1]:
                if matrix[posX][posY] == matrix[posX+2][posY-2]:
                    winFlag = 1
    else:
        if matrix[posX][posY] == matrix[posX+1][posY-1]:
            if matrix[posX][posY] == matrix[posX+2][posY-2]:
                if matrix[posX][posY] == matrix[posX+3][posY-3]:
                    winFlag = 1
else:
    if matrix[posX][posY] == matrix[posX+1][posY-1]:
```

```
            if matrix[posX][posY] == matrix[posX+2][posY-2]:
                if matrix[posX][posY] == matrix[posX+3][posY-3]:
                    if matrix[posX][posY] == matrix[posX+4][posY-4]:
                        winFlag = 1
    "--------------------------------------------------------------"
    if winFlag == 1:
        if player == 1:
            mc.postToChat("BLACK WIN!!!")
        else:
            mc.postToChat("WHITE WIN!!!")
```

至此，这个游戏的规则功能就完成了，最后，还需要设计任意一方获胜后的操作方法。

7.4 重新开始

7.4.1 结束后的提示

我的预想是当出现黑方或白方获胜的消息时，同时再出现“HIT ANY BLOCK TO RESTART”的提示信息，告诉玩家此时击打任意方块将会重新开始游戏。

为了让这段代码更加直观，我们又对 check 函数进行了一些调整，将最后这几行代码:

```
    if winFlag == 1:
        if player == 1:
            mc.postToChat("BLACK WIN!!!")
        else:
            mc.postToChat("WHITE WIN!!!")
```

替换成:

```
    return winFlag
```

这样，check 函数就变成一个有返回值的函数，对应的主干的程序就变为如下内容。

```
while True:

    events = mc.events.pollBlockHits()

    for e in events:
        if e.pos.x >= 1 and e.pos.x <= 28 and e.pos.y == 0 and e.pos.z 
>= 1 and e.pos.z <= 28:
            if player == 0 and matrix[e.pos.x][e.pos.z] == 4:
                mc.setBlock(e.pos.x,e.pos.y,e.pos.z,block.WOOL.id,15)
                matrix[e.pos.x][e.pos.z] = 15
                player = 1

            elif player == 1 and matrix[e.pos.x][e.pos.z] == 4:
```

```
            mc.setBlock(e.pos.x,e.pos.y,e.pos.z,block.WOOL.id,0)
            matrix[e.pos.x][e.pos.z] = 0
            player = 0

        if check(e.pos.x,e.pos.z) :
            if player == 1:
                mc.postToChat("BLACK WIN, HIT ANY BLOCK TO
RESTART!!!")
            else:
                mc.postToChat("WHITE WIN, HIT ANY BLOCK TO
RESTART!!!")

    else:
        mc.postToChat("OUT OF RANGE")
```

7.4.2 刷新棋盘

游戏重新开始的代码也要放在击打事件的条件当中，但是应该属于第三种情况，这里我还是利用变量 player，如果 player 等于 0 表示黑方行棋，等于 1 表示白方行棋，那么现在我将要设定 player 等于 2 的状态，大家可以认为 player 等于 2 表示的是裁判的工作——在一方获胜的情况下重新刷新棋盘。而切换到裁判的前提就是，check 的返回值为 1，同时显示提示信息。从代码的角度来说就是：

```
        if check(e.pos.x,e.pos.z) :
            if player == 1:
                mc.postToChat("BLACK WIN, HIT ANY BLOCK TO RESTART!!!")
            else:
                mc.postToChat("WHITE WIN, HIT ANY BLOCK TO RESTART!!!")
            Player = 2
```

同时也要添加当 player 等于 2 时的相应处理代码。

```
        if player == 0 and matrix[e.pos.x][e.pos.z] == 4:
            mc.setBlock(e.pos.x,e.pos.y,e.pos.z,block.WOOL.id,15)
            matrix[e.pos.x][e.pos.z] = 15
            player = 1

        elif player == 1 and matrix[e.pos.x][e.pos.z] == 4:
            mc.setBlock(e.pos.x,e.pos.y,e.pos.z,block.WOOL.id,0)
            matrix[e.pos.x][e.pos.z] = 0
            player = 0

        elif player == 2:
            for i in range(1,29):
                for j in range(1,29):
                    matrix[i][j] = 4
```

```
            Refresh()
            player = 0
```

裁判的工作就是重新设定数组中间区域的值，然后刷新棋盘，最后将player设定为0（黑方行棋）。

保存代码并运行程序，当一方在同一条直线上五子相连时，就会出现“HIT ANY BLOCK TO RESTART”的提示信息，如图 7.7 所示。

■ 图 7.7　黑方获胜

7.4.3　反复刷新的问题

此时我们再击打其他方块时，就能看到整个棋盘在刷新。不过如果你再次击打棋盘中的方块，马上就会发现棋盘又开始刷新了。出现这个问题主要是因为：当我们在一方获胜后击打方块时，数组中的数据都会被设置成 4，这样当接下来进入 check 函数时，代码就会以 4 为参考查看周围的方块信息，由于周围都是 4，所以程序马上就又认为有一方获胜了，接着又进入了裁判的工作环节。

为了解决这个问题，我们可以在 check 函数中再加上一个判断，即只有数组中相应位置的值不为 4 时，才运行之后的程序。另外，也可以将这个条件加在与 check 函数并列的位置，我采用的是后一种方式，具体代码如下。

```
        if check(e.pos.x,e.pos.z) and matrix[e.pos.x][e.pos.z] != 4:
            if player == 1:
                mc.postToChat("BLACK WIN, HIT ANY BLOCK TO RESTART!!!")
            else:
                mc.postToChat("WHITE WIN, HIT ANY BLOCK TO RESTART!!!")

            player = 2
```

这样，变换到裁判工作的操作，就只有在击打的方块对应的数组信息不为 4 时才会进行。到这里，整个五子棋游戏就完成了。

8 图片扫描仪

8.1 像素画

之前我在网上看到一个新闻，说是有人把几千张不同颜色的便利贴贴在墙上，贴出很多不同的图案，如图 8.1 所示。

■ 图 8.1 用便利贴在墙上贴出不同的图案

当看到这个消息时，我在想没准哪天我也可以试试，可以先选一个颜色单一的图片下手，不过最后这个想法到写这本书时还没有开始实施。当我玩了一段时间《Minecraft》之后，我想这个想法是不是可以在《Minecraft》中实施一下呢？《Minecraft》中有各种颜色的羊毛，就用它们来代替各种颜色的贴纸好了。于是我选了一个超人的图案，如图 8.2 所示。

■ 图 8.2 用贴纸完成的超人图案

在《Minecraft》中，我只是把超人的图案贴出来了，周围的黄色背景就没有做，这样图 8.3 中实际上就只有黄色、红色、蓝色和黑色 4 种颜色的羊毛。

■ 图 8.3 《Minecraft》中的超人图案

是不是还挺像那么回事的？我在玩《Minecraft》之后，很多生活中没来得及实现的想法都在这里实现了，除了这个便利贴的例子，对于我来说典型的还有用分立元器件搭建小计算机的例子，这个内容涉及红石电路，之后我们有机会再说，现在回到这个便利贴画的项目中。

这种由大块的颜色构成的画一般称为像素画，如果在网上搜索，能搜到不少，还有一些专门的工具能制作像素画。当我在搜索的关键字“像素画”后面加上“Minecraft”之后，发现其实有不少人都在《Minecraft》中用这种方式画画。

大家一般都是把像素画作为一种展示的形式，通常会录一段视频或者截图。而对于我来说，我想的是怎么能够更快地在《Minecraft》中复制这种像素画，于是就有了制作这个《Minecraft》图片扫描仪”的想法。

8.2 项目介绍

与“剑球”游戏和五子棋游戏不同的是，这个项目需要游戏中的操作与 IDLE 的操作同步进行。“扫描仪”的菜单是显示在 IDLE 中的，而对于扫描区域的选择是要在游戏中完成的。预想的操作步骤如下。

1. 在 IDLE 中显示扫描或复印的选择主菜单。

2. 当选择扫描选项后会出现扫描菜单，其中包括“选定左下角方块”“选定右上角方块”“开始扫描”以及“返回主菜单”。

（1）当选择“选定左下角方块”时，会等待玩家在游戏中通过铁剑来选择（击打）对应的方块。

（2）当选择“选定右上角方块”时，也会等待玩家在游戏中通过铁剑来选择（击打）对应的方块。

（3）当选择“开始扫描”时，程序会先判断上面两个方块的数据是否正确，不在一个平面不行，两个方块一样也不行。然后就开始获取图片的信息，即获取每一个方块的信息，这里我的设定是只读取羊毛的信息，最后将文件保存在一个用户指定的文件内，扫描工作就算完成了，此时会再次显示主菜单。

（4）当选择“返回主菜单”时，则直接返回主菜单。

3. 当选择复印选项后会出现复印菜单，其中包括“选择文件”“选择左下角方块位置开始复印”和“返回主菜单”。

（1）当选择“选择文件”时，会列出目前已经存在的扫描后的文件，用户通过选择确定要复印的图片。

（2）当选择“选择左下角方块位置开始复印”时，则会等待玩家在游戏中通过铁剑来选择（击打）对应的方块，击打之后就开始复印图片了，复印完成之后会返回主菜单。

（3）当选择“返回主菜单”时，则直接返回主菜单。

8.3 操作菜单

8.3.1 获取输入信息

确定功能之后，下面我们就来实现它。首先要实现在 Python 中输入信息，新建一个文件，在其中输入如下内容。

```
buff = raw_input()
print(buff)
```

这里函数 raw_input() 的功能就是等待用户输入信息，而这个信息会传递给变量 buff，最后通过 print 函数将变量的内容，即我们输入的内容显示出来。如果我们在 IDLE 中输入代码，不同的部分会呈现出不同的颜色，如图 8.4 所示。

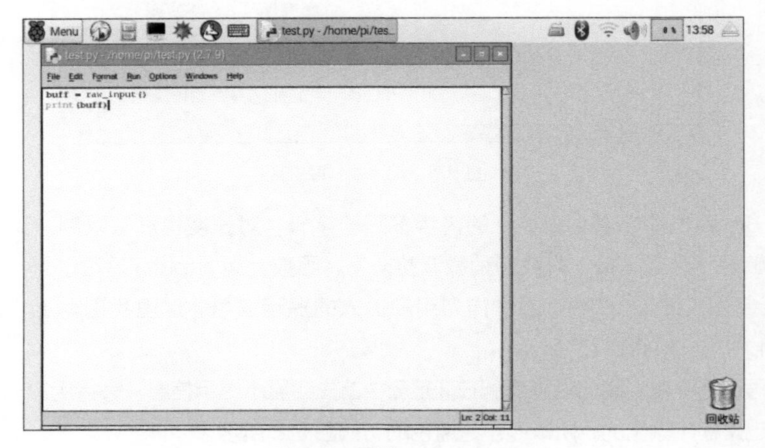

■ 图 8.4 函数 raw_input()

完成代码后运行程序，此时 IDLE 就会等待我们输入信息，如果我们输入“a”，则紧接着在 shell 中就会输出对应的内容“a”，如图 8.5 所示。

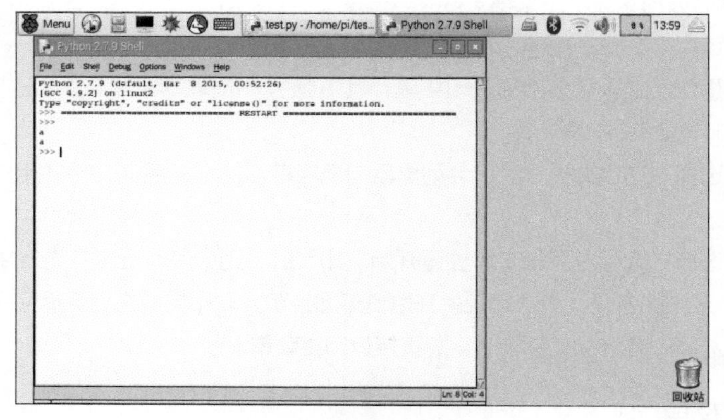

■ 图 8.5 输入“a”

注意，这里黑色的“a”是我们输入的，而蓝色的“a”是程序输出的。由于当输出 buff 的内容之后，程序就结束了，所以在 IDLE 中会出现提示符“>>>”。

再次运行程序，并输入不同的内容试试，如图 8.6 所示。

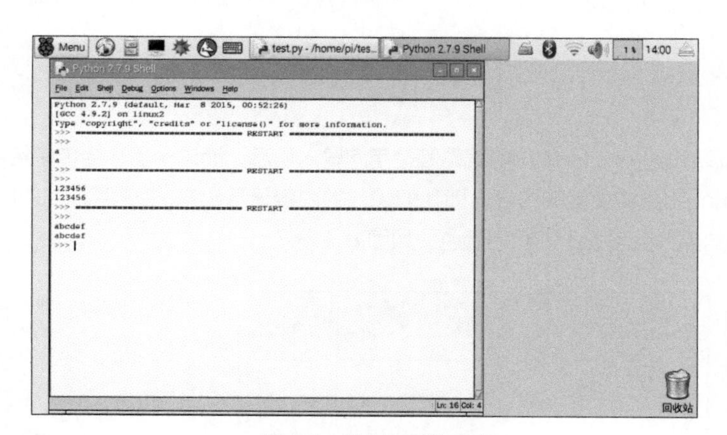

■ 图 8.6 输入不同的内容

从图 8.6 我们能够看到，输入的内容不限于字母，对长度也没有限制。我们输入什么，就能够显示什么。接下来我们稍微调整一下，函数 raw_input() 是可以带参数的，而参数内容会显示在 IDLE 中，通常作为用户输入的提示信息。这里我们写上“Try input something：”，如图 8.7 所示。

此时再运行程序，我们就能看到在 IDLE 中首先会显示提示信息，等待用户输入。由于这些信息也是程序输出的，所以颜色是蓝色的，如图 8.8 所示。

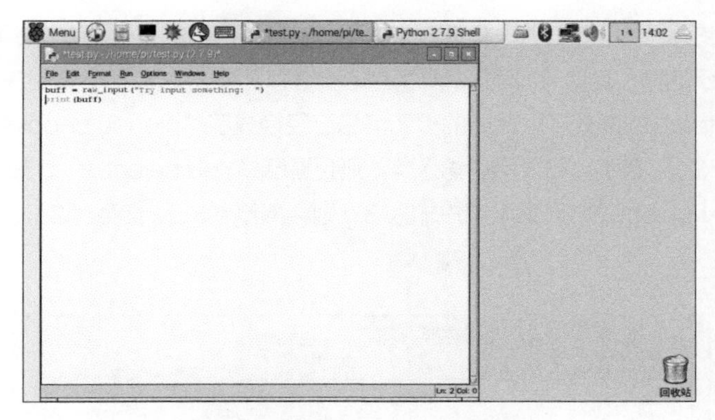

■ 图 8.7　函数 raw_input() 的参数

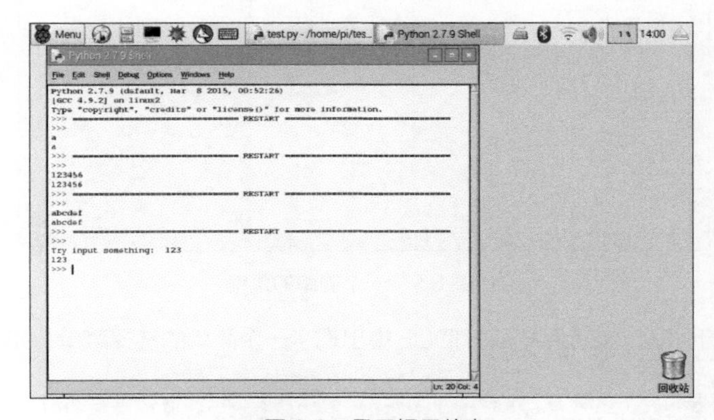

■ 图 8.8　显示提示信息

8.3.2　制作菜单

现在基于上面介绍的内容，我们就可以尝试完成一个简单的菜单了。按照下面的内容修改一下我们的程序。

```
while True:
    print("This is a menu")
    print("1.first")
    print("2.second")
    print("3.third")

    buff = raw_input("Please  choose:  ")
    if buff == "1":
        print("You select 1")
    elif buff == "2":
        print("You select 2")
    elif buff == "3":
        print("You select 3")
```

由于我们希望这个菜单能够一直循环，在程序的最开始加上了一个 while True 的循环。后面是输出 4 行信息，这些你都可以认为是提示信息，主要是为了指导用户输入。接着就是函数 raw_input() 的部分了，此时的提示信息已经换成了“please choose：”，再接下来就是判断输入的内容了，如果用户输入 1，则会提示“You select 1”；如果用户输入 2，则会提示“You select 2”；如果用户输入 3，则会提示“You select 3”。程序在文件中如图 8.9 所示。

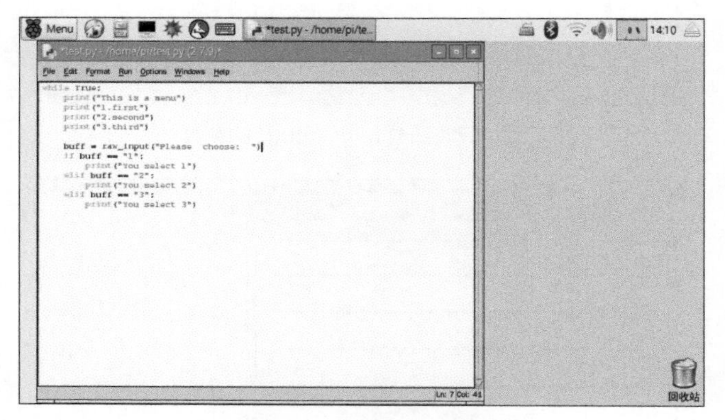

■ 图 8.9　一个简单的菜单

运行上面的程序，你就会发现在 IDLE 中出现了一个简单的选择菜单，如图 8.10 所示。

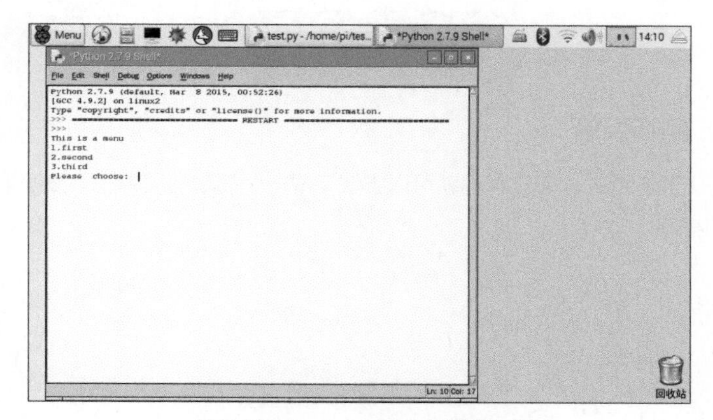

■ 图 8.10　Python shell 中的简单菜单

菜单的最后在等待用户输入，如果我们输入 1，则会接着显示“You select 1”。同时由于程序一直在循环，所以后面又会出现一份新的菜单，如图 8.11 所示。

这里字符串“You select 1”是我专门选中变黑的，实际显示的就是白底蓝字。选中它是因为前后两个菜单以及中间的输出信息都是连在一起的，不好区分。如果希望能够直观地有所划分，可以在输出对应选择信息后再加一行空行，代码修改如图 8.12 所示。

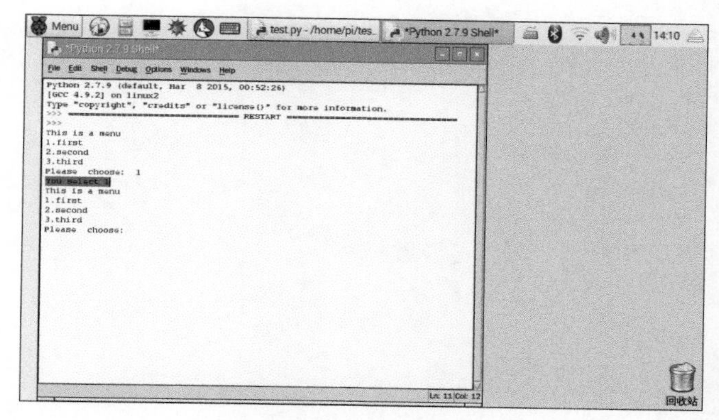

■ 图 8.11 选择 1

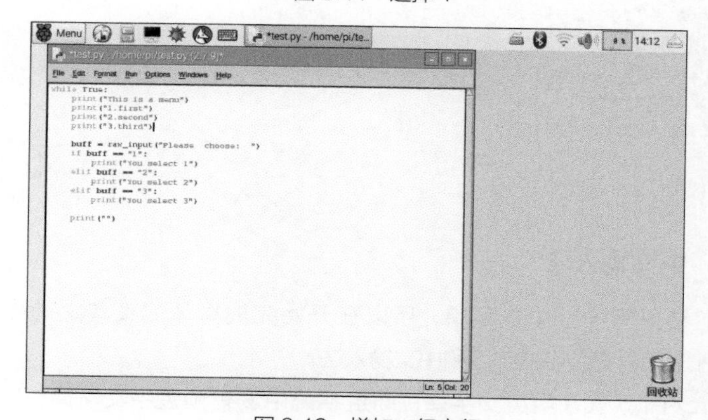

■ 图 8.12 增加一行空行

而对应的显示效果如图 8.13 所示。

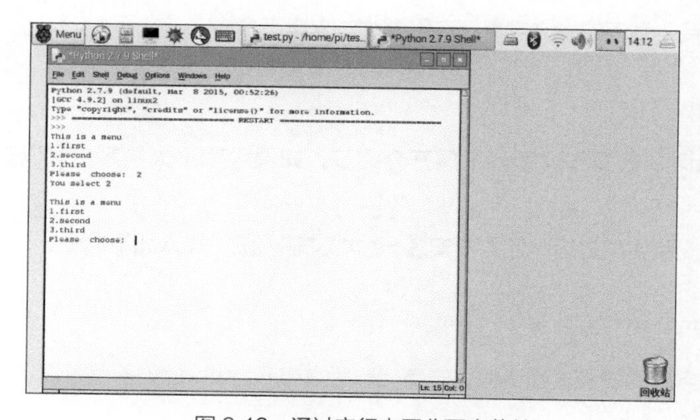

■ 图 8.13 通过空行来区分两个菜单

这里选择的是 2。当输出“You select 2”后，会有一行空行，才会接着显示新的菜单。如果把这个菜单定义成一个函数的话，则相应代码如下。

```
def menu():
    print("This is a menu")
    print("1.first")
    print("2.second")
    print("3.third")

    buff = raw_input("Please  choose:  ")
    return buff


while True:
    choice = menu()
    if choice == "1":
        print("You select 1")
    elif choice == "2":
        print("You select 2")
    elif choice == "3":
        print("You select 3")

    print("")
```

8.3.3 中文输入法

由于我们希望写一个中文菜单，所以在开始完成具体的菜单之前先要说一下在 Raspberry Pi 上如何安装中文字库和中文输入法。

Raspberry Pi 默认采用英文字库，而且系统中没有预装中文字库，因此即使你在 locale 中改成中文，也不会显示中文，只会显示一堆方块。

如果要安装中文字库和输入法，可以打开命令行终端，然后手动进行安装。这里我们安装的是一个免费、开源的中文字库，在终端中输入以下命令。

```
sudo apt-get install ttf-wqy-zenhei
```

终端中的命令行操作这里就不展开介绍了，如果大家不太熟悉，可以查阅一些关于 Linux 的书籍。

中文字库安装完成之后，还需要安装一个中文输入法，输入如下命令。

```
sudo apt-get install scim-pinyin
```

输入法和字库的安装过程类似，安装完毕后重启 Raspberry Pi 就可以了。

8.3.4 扫描仪菜单

现在我们可以依据之前的描述完成各个菜单的函数了，先是主菜单。

```
def menuM():
    print("")
    print("Minecraft 图片扫描仪 ")
    print("1. 扫描 ")
    print("2. 复印 ")

    choice = int(raw_input("Please choose:  "))
    if choice < 1 or choice > 2:
        print("Sorry,the number is out range!")
    else:
        return choice
```

主菜单的函数名为 menuM，代码中，我们在函数 raw_input() 之外加了一个函数 int()，目的是将输入的内容转换成数字，这样后续我们还能做一些额外的处理。接着会判断用户输入的信息是否在可选范围内，如果超出可选范围，则会提示“Sorry，the number is out range!”。

依照这种形式再分别创建扫描菜单和复印菜单的函数，函数名分别为 menuS() 和 menuP()，具体的代码如下。

```
def menuS():
    print("")
    print("Minecraft 图片扫描仪 -- 扫描 ")
    print("1. 选定左下角方块 ")
    print("2. 选定右上角方块 ")
    print("3. 开始扫描 ")
    print("4. 返回主菜单 ")

    choice = int(raw_input("Please choose:  "))
    if choice < 1 or choice > 4:
        print("Sorry,the number is out range!")
    else:
        return choice

def menuP():
    print("")
    print("Minecraft 图片扫描仪 -- 复印 ")
    print("1. 选择文件 ")
    print("2. 选择左下角方块位置开始复印 ")
    print("3. 返回主菜单 ")

    choice = int(raw_input("Please choose:  "))
    if choice < 1 or choice > 3:
        print("Sorry,the number is out range!")
    else:
        return choice
```

有了这几个菜单之后，下面就需要将这几个菜单结合起来了。我新建了一个变量 state，这个变量用来保存目前程序运行到哪个环节了，即目前是处于主菜单还是扫描菜单，或者目前是在选取某个方块还是正在打印。用户每次操作都会改变这个变量的值，变量 state 的值与对应的状态见表 8.1。

表 8.1　变量 state 的值与对应的状态

变量 state 的值	状态	说明
0	主菜单	显示主菜单，等待用户选择
1	扫描菜单	显示扫描菜单，等待用户选择
2	复印菜单	显示复印菜单，等待用户选择
3	选定扫描的左下角的方块	通过铁剑右键击打来选择对应的方块
4	选定扫描的右上角的方块	通过铁剑右键击打来选择对应的方块
5	扫描	在方块状态合理的情况下开始扫描
6	选择文件	列出文件夹下已保存的文件供用户选择
7	复印	等待玩家选择对应的方块开始复印

程序方面，由于此时需要和《Minecraft》游戏交互了，需要将相应的库导入程序中，同时要创建一个游戏的对象，如下。

```
import mcpi.minecraft as minecraft
import mcpi.block as block

mc = minecraft.Minecraft.create()
```

下面我们先完成菜单选择的部分，其余的操作还是先用伪代码来表示。

```
while True:
    if state == 0:
        s= menuM()
        if s== 1:
            state = 1
        elif s== 2:
            state = 2

    elif state == 1:
        s= menuS()
        if s== 4:
            state = 0
        elif s== 1:
            state = 3
        elif s== 2:
            state = 4
        elif s== 3:
            state = 5
```

```
elif state == 2:
    s= menuP()
    if s== 3:
        state = 0
    elif s== 1:
        state = 6
    elif s== 2:
        state = 7

elif state == 3:
    while state == 3:
        获取击打事件
        保存击打事件坐标
        state = 1

elif state == 4:
    while state == 4:
        获取击打事件
        保存击打事件坐标
        state = 1

elif state == 5:
    if 左下角坐标和右上角坐标完全一样:
        输出坐标点错误的信息
    else:
        if 两者 x 坐标一致:
            请求输入文件名
            扫描 y、z 平面
        elif 两者 z 坐标一致:
            请求输入文件名
            扫描 x、y 平面
        else:
            输出坐标点错误的信息

elif state == 6:
    列出已有的文件列表
    选择对应的文件
    state = 2

elif state == 7:
    while state == 7:
        获取击打事件
        打开文件复制图片
        state = 0
```

以上代码的前面一部分主要是对菜单的操作，比如当在主菜单中选择 1 后，会跳转到扫描菜单，即 state = 1。而从 state==3 开始就是这个扫描仪的具体工作了。

8.4 扫描操作

在选定左下角和右上角方块的操作中，代码实现的功能就是将我们用铁剑右击的方块的坐标传递给一个参数。为此，我们新建两个变量 posLB 和 posRT，用来保存左下角方块的坐标和右上角方块的坐标，对应代码如下。

```
posLB = (0,0,0)
posRT = (0,0,0)
```

而对应的处理击打事件的代码完成后如下。

```
    elif state == 3:
        print("请在游戏中选择一个方块 ...")
        while state == 3:

            events = mc.events.pollBlockHits()

            for e in events:
                posLB = e.pos
                print("左下角方块的坐标是")
                print(posLB)
                state = 1

    elif state == 4:
        print("请在游戏中选择一个方块 ...")
        while state == 4:

            events = mc.events.pollBlockHits()

            for e in events:
                posRT = e.pos
                print("右上角方块的坐标是")
                print(posRT)
                state = 1
```

当选择这两个操作时，首先会提示玩家要在游戏中选择一个方块，然后是一个 while 循环等待玩家的击打事件。此时我们需要切换到游戏当中，找到对应的方块用铁剑右键击打，对应的代码会将击打方块的坐标传递给对应的变量 posLB 和 posRT，同时在 Python shell 中将对应的信息输出，最后切换 state 的值跳出循环。

在两个方块都选定之后就可以进行扫描操作了，扫描操作中，首先需要对两个方块的位置进行判断，如果两个位置的值一样，说明玩家选错或者根本没有选，那么此时会提示方块位置错误的信息；如果两个位置中没有一个坐标一致，说明两个位置不处于同一个平面，而是在一个立方体中，此时也会提示方块位置错误的信息。除此之外，都是需要扫描的。

具体的扫描情况又分为两种：*x*、*y* 平面内的和 *y*、*z* 平面内的，这里以 *x*、*y* 平面内的情况为例，完成后的代码如下。

```
if posLB.z == posRT.z:
    FNAME = raw_input("请输入保存的文件名：  ")

    f = open(FNAME+".nille","w")
    if posLB.x < posRT.x:
        rangeMin = posLB.x
        rangeMax = posRT.x
    else:
        rangeMax = posLB.x
        rangeMin = posRT.x

    for y in range(posLB.y,posRT.y+1):
        line = ""
        for x in range(rangeMin,rangeMax+1):
            blockInfo = mc.getBlockWithData(x,y,posRT.z)
            print(blockInfo)
            if blockInfo.id ==block.WOOL.id:
                line = line + str(blockInfo.data)
            else:
                line = line + "20"
            line = line + ","
        f.write(line + "\n")
        print(" ")
    f.close()
    print("扫描完成")
    print(" ")
```

x、*y* 平面内的区域意味着两个方块的 *z* 坐标相等。当满足条件后，首先会要求输入文件名，这里不要求输入后缀名，然后使用以下代码以写（w）的形式打开这个文件。

```
f = open(FNAME+".nille","w")
```

接着会判断两个方块 *x* 坐标的大小，因为之后的 for 循环会从小到大进行。我们的扫描顺序是从下往上一行一行扫描的，所以需要两个 for 循环嵌套在一起，外面的 for 循环对应的是行，里面的 for 循环对应的是一行中的每一个方块。

我的程序只扫描羊毛，然后将羊毛的颜色信息保存下来，其他方块都会按照值为 20 存储，而在之后在“复印”程序中，20 都是按照空气来处理的。在开始里面的 for 循环之前，程序中会将变量 line 的值清空，接着进入里面的 for 循环，每扫描（getBlockWithData）一个方块，就会将对应的值加到变量 line 中，接着加一个逗号。最后在里面的 for 循环执行完之后，在变量 line 的最后加入一个回车符并将 line 写入文件，接着开始下一个循环。

当两个嵌套的 for 循环都执行完成之后，会输出“扫描完成”的信息。其实这段代码在扫描过程中也是不断输出信息的。按照相同的处理方式完成的 y、z 平面的扫描代码如下。

```
elif posLB.x == posRT.x:
    FNAME = raw_input("请输入保存的文件名： ")

    f = open(FNAME+".nille","w")
    if posLB.z < posRT.z:
        rangeMin = posLB.z
        rangeMax = posRT.z
    else:
        rangeMax = posLB.z
        rangeMin = posRT.z

    for y in range(posLB.y,posRT.y+1):
        line = ""
        for z in range(rangeMin,rangeMax+1):
            blockInfo = mc.getBlockWithData(posRT.x,y,z)
            print(blockInfo)
            if blockInfo.id ==block.WOOL.id:
                line = line + str(blockInfo.data)
            else:
                line = line + "20"
            line = line + ","
        f.write(line + "\n")
        print(" ")
    f.close()
    print("扫描完成")
    print(" ")
```

这里要注意两段程序中函数 getBlockWithData() 中的参数是不一样的，一个是 x 值不变，另一个是 z 值不变。

这样整个扫描操作就完成了，完整的代码如下。

```
elif state == 5:
    if posLB == posRT:
        print("方块位置选择错误")
    else:
        if posLB.z == posRT.z:
            FNAME = raw_input("请输入保存的文件名： ")

            f = open(FNAME+".nille","w")
            if posLB.x < posRT.x:
                rangeMin = posLB.x
                rangeMax = posRT.x
            else:
                rangeMax = posLB.x
                rangeMin = posRT.x
```

```
            for y in range(posLB.y,posRT.y+1):
                line = ""
                for x in range(rangeMin,rangeMax+1):
                    blockInfo = mc.getBlockWithData(x,y,posRT.z)
                    print(blockInfo)
                    if blockInfo.id ==block.WOOL.id:
                        line = line + str(blockInfo.data)
                    else:
                        line = line + "20"
                    line = line + ","
                f.write(line + "\n")
                print(" ")
            f.close()
            print("扫描完成")
            print(" ")
        elif posLB.x == posRT.x:
            FNAME = raw_input("请输入保存的文件名： ")

            f = open(FNAME+".nille","w")
            if posLB.z < posRT.z:
                rangeMin = posLB.z
                rangeMax = posRT.z
            else:
                rangeMax = posLB.z
                rangeMin = posRT.z

            for y in range(posLB.y,posRT.y+1):
                line = ""
                for z in range(rangeMin,rangeMax+1):
                    blockInfo = mc.getBlockWithData(posRT.x,y,z)
                    print(blockInfo)
                    if blockInfo.id ==block.WOOL.id:
                        line = line + str(blockInfo.data)
                    else:
                        line = line + "20"
                    line = line + ","
                f.write(line + "\n")
                print(" ")
            f.close()
            print("扫描完成")
            print(" ")
        else:

            print("方块位置选择错误")

    state = 0
```

8.5 复印操作

复印操作其实和“剑球”游戏中显示数字的操作很像，这里就不细讲了，我在这里直接将代码列出来，大家参考一下。这里要重点介绍的是显示文件列表的部分，这个部分分为两步，第一步是显示列表，第二步是让玩家选择相应的文件。

要完成显示文件列表的功能，首先需要导入 glob 库，代码如下。

```
import glob
```

这个库当中有一个 glob 函数，它能够返回所有符合参数条件的文件，这里我要求返回所有以 .nille 结尾的文件，所以对应的代码就是：

```
files = glob.glob("*.nille")
```

这个函数返回的是一个字符串的数组，数组中的每一项都是当前目录下的一个扩展名为 .nille 的文件名。我们可以通过以下代码将它们显示出来。

```
for filename in files:
    print(filename)
```

不过这里我想在每个名字前面加上一个序号，好让玩家能够直接选择，为此我将上面的两行代码修改为以下内容。

```
filesIndex = 1
for filename in files:
    print(str(filesIndex) + ".  "+filename)
    filesIndex = filesIndex + 1
```

下面的内容就好说了，让玩家输入一个数字来选择，然后我们将选择后的文件名赋值给一个变量，对应的代码如下。

```
choice = int(raw_input("Please choose:  "))
if choice < 1 or choice > filesIndex-1:
    print("Sorry,the number is out range!")
else:
    print("你选择的是：")
    FNAME = files[choice-1]
    print(FNAME)
```

选择完之后，这里还将所选择的文件名又显示了一遍。

整个复印部分的代码如下。

```
    elif state == 6:
        print(" ")
        filesIndex = 1
        files = glob.glob("*.nille")
        for filename in files:
            print(str(filesIndex) + ".  "+filename)
            filesIndex = filesIndex + 1
        print("请选择要复印的图片文件: ")

        choice = int(raw_input("Please choose:  "))
        if choice < 1 or choice > filesIndex-1:
            print("Sorry,the number is out range!")
        else:
            print("你选择的是: ")
            FNAME = files[choice-1]
            print(FNAME)

        state = 2

    elif state == 7:
        while state == 7:

            events = mc.events.pollBlockHits()

            for e in events:
                baseX = e.pos.x
                baseY = e.pos.y+1
                baseZ = e.pos.z

                f = open(FNAME,"r")
                offsetY = 0
                offsetX = 0
                for line in f.readlines():
                    data = line.split(",")
                    for cell in data:
                        if cell != "\n":
                            color = int(cell)
                            if color > 16:
                                mc.setBlock(baseX+offsetX,
                                    baseY+offsetY,baseZ,block.AIR.id)
                            else:
                                mc.setBlock(baseX+offsetX,
                                    baseY+offsetY,baseZ,block.WOOL.id,color)

                        offsetX = offsetX + 1

                    offsetY = offsetY + 1
```

```
            offsetX = 0

        print("复印完成")
        print(" ")
        state = 0
```

以上代码在复印过程中只会复印在 x、y 平面上，如果大家想复印在 y、z 平面上，可以自行尝试一下，可能你还需要在菜单中加一个选项。

8.6 演示操作

至此，这个扫描仪就可以工作了。我们来操作一下，具体步骤如下。

8.6.1 原始内容制作

首先，参照图 8.14 所示的像素画，我在《Minecraft》中完成了一个蓝精灵的“图片”，如图 8.15 所示。

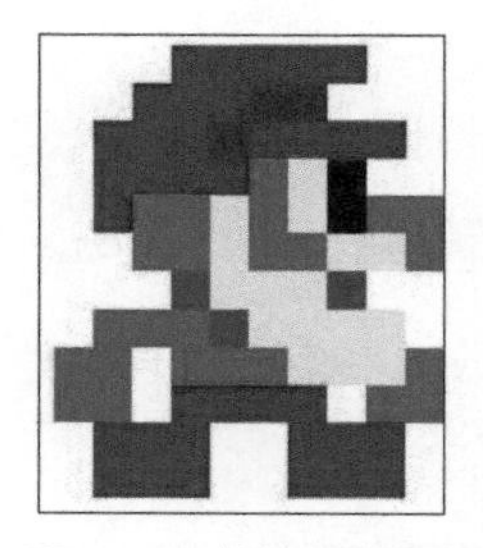

■ 图 8.14 蓝精灵的像素画

■ 图 8.15 《Minecraft》中的蓝精灵像素画

8.6.2 扫描

在准备好原始内容之后，我们就来演示一下扫描操作。

运行程序，显示主菜单，如图 8.16 所示。

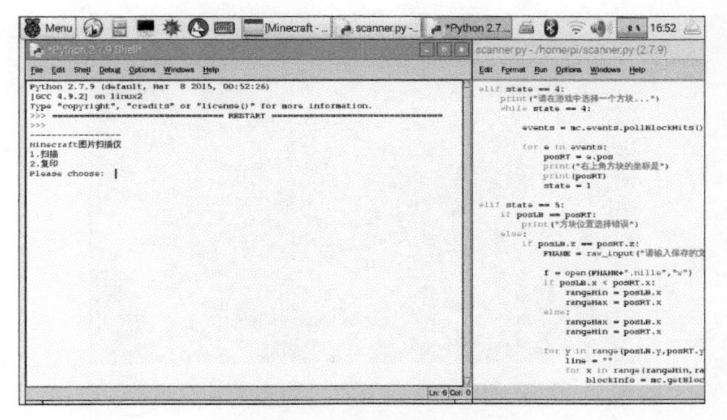

■ 图 8.16　显示主菜单

选择 1 并回车后，会进入扫描菜单，如图 8.17 所示。

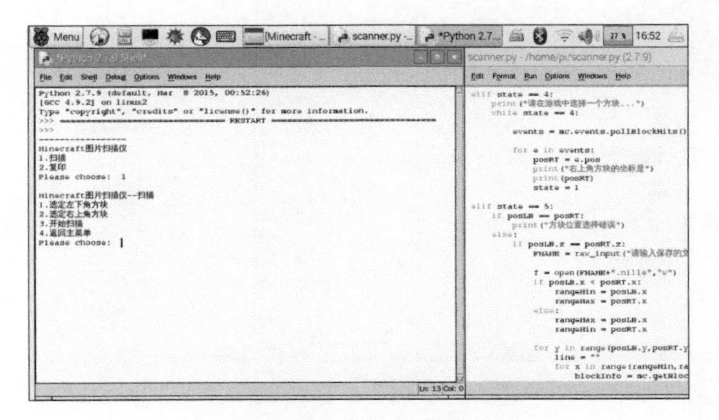

■ 图 8.17　显示扫描菜单

接着再选 1 来选定左下角的方块，此时会提示玩家在游戏中选择一个方块，如图 8.18 所示。

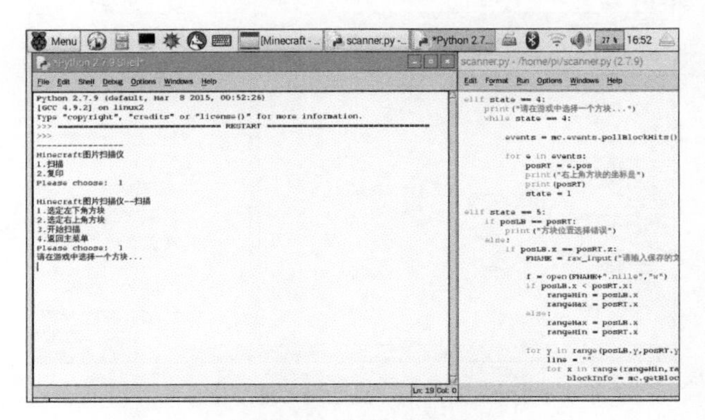

■ 图 8.18　选定左下角方块

此时切换到游戏界面，在“蓝精灵”的左下角放一个方块，并用铁剑右键击打这个方块，如图 8.19 所示。

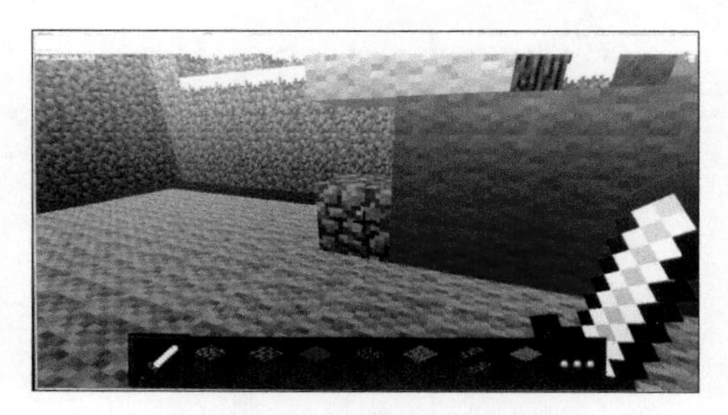

■ 图 8.19　选定左下角的方块

此时在 IDLE 中会显示对应左下角方块的坐标，同时回到扫描菜单，如图 8.20 所示。

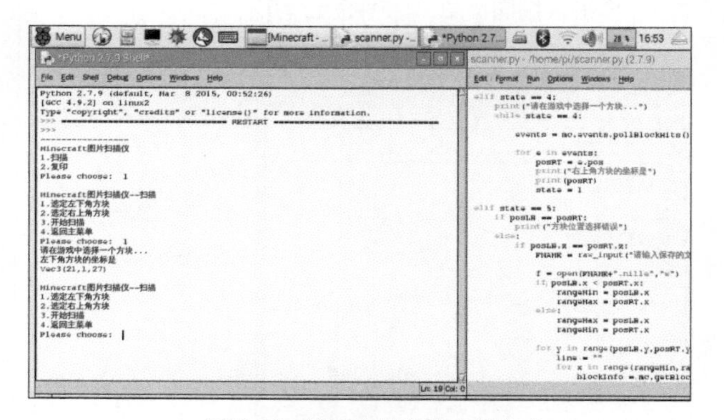

■ 图 8.20　选定左下角的方块完成

接着在菜单中选择 2 来选定右上角的方块，IDLE 界面如图 8.21 所示。《Minecraft》中的操作界面如图 8.22 所示，这里也需要单独在这个位置搭建一个方块。

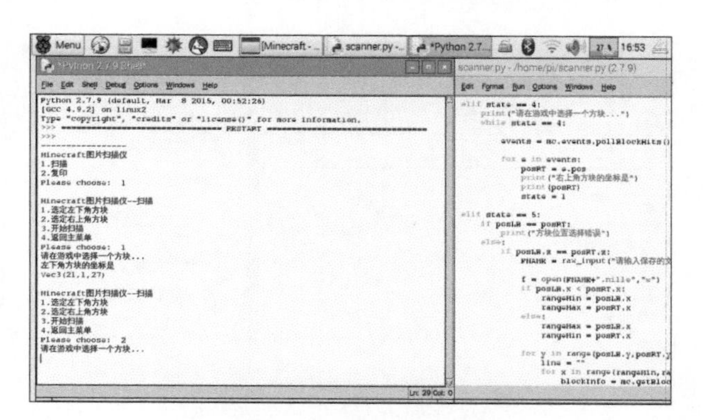

■ 图 8.21　选定右上角方块

■ 图 8.22 在《Minecraft》中选定右上角的方块

此时在 IDLE 中也会显示对应右上角方块的坐标，同时又回到扫描菜单，如图 8.23 所示。

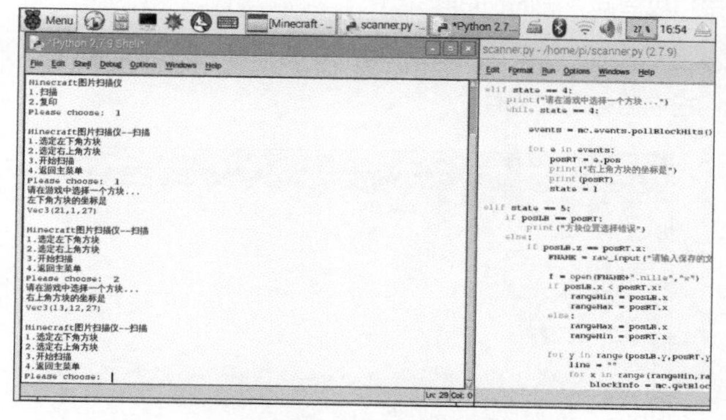

■ 图 8.23 又回到扫描菜单

接着选择 3 开始扫描，此时会要求玩家输入保存的文件名，这里我输入的是 Smurfs，如图 8.24 所示。

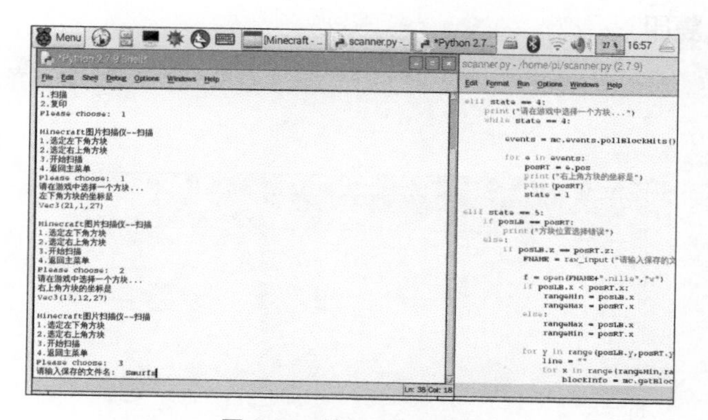

■ 图 8.24 输入保存的文件名

回车后就开始扫描了，此时 Python shell 中会不断地输出信息，这些都是扫描的方块的信息，如图 8.25 所示，例如 Block(0,0) 指的就是空气。

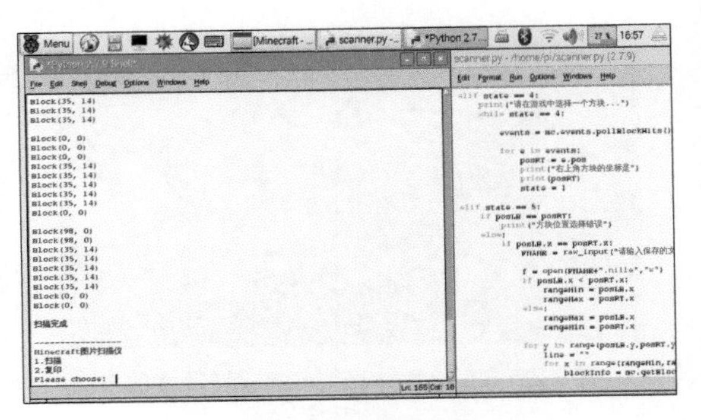

■ 图 8.25　开始扫描

在最后会显示扫描完成，同时返回主菜单。

此时，应该就会新出现一个叫作 Smurfs.nille 的文件，打开之后，文件内容如图 8.26 所示。这就是我们扫描后得到的文件。

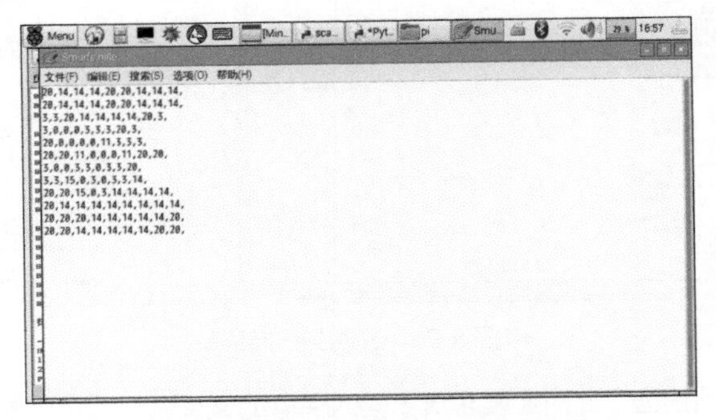

■ 图 8.26　文件 Smurfs.nille 中的内容

8.6.3　复印

扫描完成后，我们再来演示一下复印的操作。在主菜单选择 2 进入复印菜单，如图 8.27 所示。

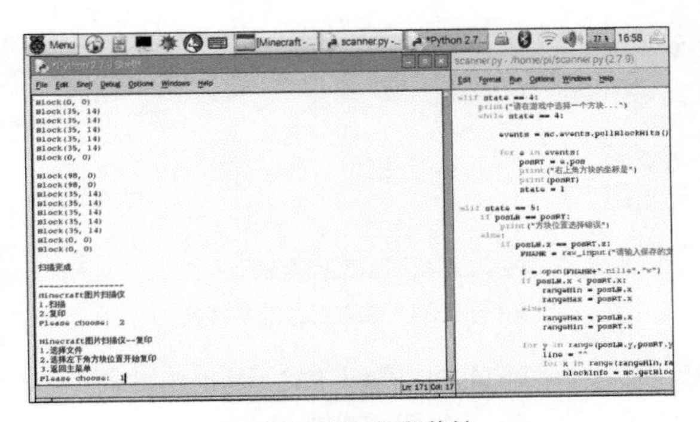

■ 图 8.27　复印菜单

在这个菜单中选择 1，就会列出当前文件夹下扩展名是 .nille 的文件，同时会要求用户选择要复印的图片文件，如图 8.28 所示。

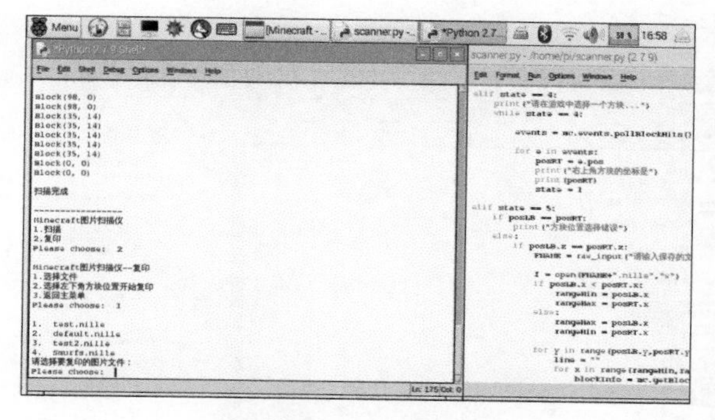

■ 图 8.28　文件列表

这里要按照序号选择，输入对应的序号后，会将用户的选择显示出来，同时返回复印菜单，如图 8.29 所示。

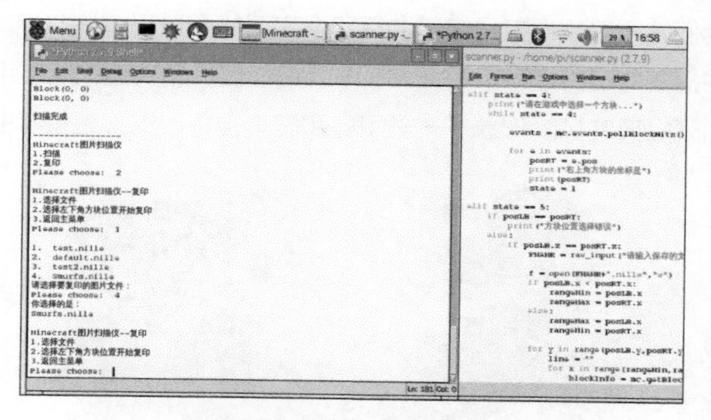

■ 图 8.29　选定要复印的文件

然后选择第 2 项，如图 8.30 所示。程序又会等待用户在《Minecraft》中的击打事件。

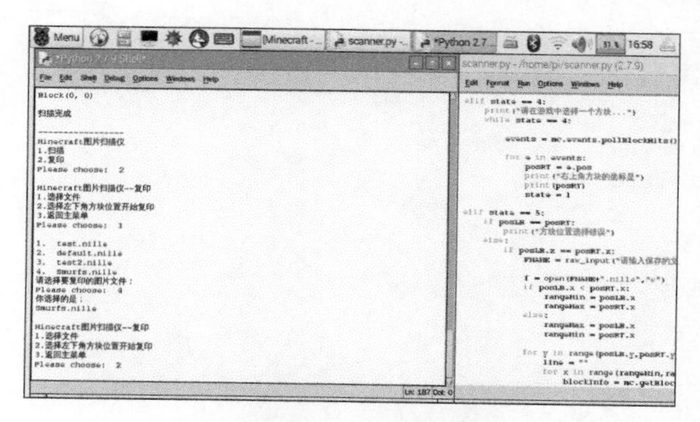

■ 图 8.30　选择复印图片

我们在《Minecraft》中用铁剑右键击打一个方块后，就会复制出我们选定的图片，这里就不附图片了。而此时在 IDLE 中会显示“复印完成”的提示，同时返回主菜单，如图 8.31 所示。

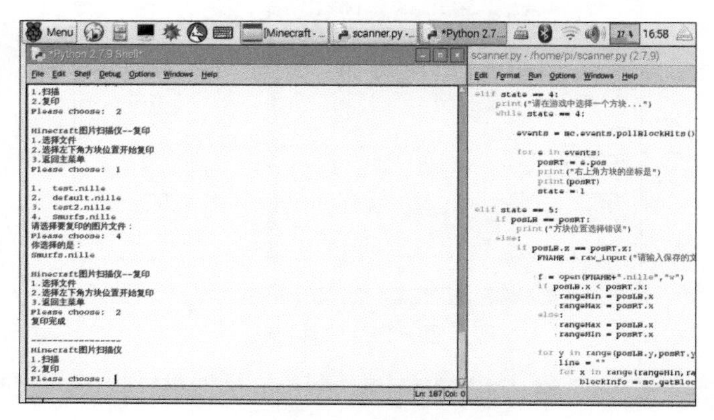

■ 图 8.31　复印完成

这就是通过我们编写的软件完成扫描加复印像素画的全过程。按照相同的形式，如果我们在一个立方体内扫描的话，还可以完成一个 3D 扫描仪，感兴趣的朋友可以试一试。

最后我再放两张经典的像素形象——马里奥和忍者神龟，这都是童年的回忆呀。

8.7　完整的代码

完整的代码如下。

```
import mcpi.minecraft as minecraft
import mcpi.block as block
import glob

mc = minecraft.Minecraft.create()

def menuM():
    print("-----------------")
    print("Minecraft 图片扫描仪 ")
    print("1. 扫描 ")
```

```
    print("2. 复印 ")

    choice = int(raw_input("Please choose:  "))
    if choice < 1 or choice > 2:
        print("Sorry,the number is out range!")
    else:
        return choice

def menuS():
    print("")
    print("Minecraft 图片扫描仪 -- 扫描 ")
    print("1. 选定左下角方块 ")
    print("2. 选定右上角方块 ")
    print("3. 开始扫描 ")
    print("4. 返回主菜单 ")

    choice = int(raw_input("Please choose:  "))
    if choice < 1 or choice > 4:
        print("Sorry,the number is out range!")
    else:
        return choice

def menuP():
    print("")
    print("Minecraft 图片扫描仪 -- 复印 ")
    print("1. 选择文件 ")
    print("2. 选择左下角方块位置开始复印 ")
    print("3. 返回主菜单 ")

    choice = int(raw_input("Please choose:  "))
    if choice < 1 or choice > 3:
        print("Sorry,the number is out range!")
    else:
        return choice

state = 0
posLB = (0,0,0)
posRT = (0,0,0)
FNAME = "default.nille"

while True:
    if state == 0:
        select = menuM()
        if select == 1:
            state = 1
        elif select == 2:
            state = 2

    elif state == 1:
```

```
    select = menuS()
    if select == 4:
        state = 0
    elif select == 1:
        state = 3
    elif select == 2:
        state = 4
    elif select == 3:
        state = 5

elif state == 2:
    select = menuP()
    if select == 3:
        state = 0
    elif select == 1:
        state = 6
    elif select == 2:
        state = 7

elif state == 3:
    print("请在游戏中选择一个方块...")
    while state == 3:

        events = mc.events.pollBlockHits()

        for e in events:
            posLB = e.pos
            print("左下角方块的坐标是")
            print(posLB)
            state = 1

elif state == 4:
    print("请在游戏中选择一个方块...")
    while state == 4:

        events = mc.events.pollBlockHits()

        for e in events:
            posRT = e.pos
            print("右上角方块的坐标是")
            print(posRT)
            state = 1

elif state == 5:
    if posLB == posRT:
        print("方块位置选择错误")
    else:
        if posLB.z == posRT.z:
            FNAME = raw_input("请输入保存的文件名：  ")
```

```
        f = open(FNAME+".nille","w")
        if posLB.x < posRT.x:
            rangeMin = posLB.x
            rangeMax = posRT.x
        else:
            rangeMax = posLB.x
            rangeMin = posRT.x

        for y in range(posLB.y,posRT.y+1):
            line = ""
            for x in range(rangeMin,rangeMax+1):
                blockInfo = mc.getBlockWithData(x,y,posRT.z)
                print(blockInfo)
                if blockInfo.id ==block.WOOL.id:
                    line = line + str(blockInfo.data)
                else:
                    line = line + "20"
                line = line + ","
            f.write(line + "\n")
            print(" ")
        f.close()
        print("扫描完成")
        print(" ")
    elif posLB.x == posRT.x:
        FNAME = raw_input("请输入保存的文件名：  ")

        f = open(FNAME+".nille","w")
        if posLB.z < posRT.z:
            rangeMin = posLB.z
            rangeMax = posRT.z
        else:
            rangeMax = posLB.z
            rangeMin = posRT.z

        for y in range(posLB.y,posRT.y+1):
            line = ""
            for z in range(rangeMin,rangeMax+1):
                blockInfo = mc.getBlockWithData(posRT.x,y,z)
                print(blockInfo)
                if blockInfo.id ==block.WOOL.id:
                    line = line + str(blockInfo.data)
                else:
                    line = line + "20"
                line = line + ","
            f.write(line + "\n")
            print(" ")
        f.close()
        print("扫描完成")
```

```
                print(" ")
            else:

                print("方块位置选择错误")

        state = 0

    elif state == 6:
        print(" ")
        filesIndex = 1
        files = glob.glob("*.nille")
        for filename in files:
            print(str(filesIndex) + ".  "+filename)
            filesIndex = filesIndex + 1
        print("请选择要复印的图片文件：")

        choice = int(raw_input("Please choose:  "))
        if choice < 1 or choice > filesIndex-1:
            print("Sorry,the number is out range!")
        else:
            print("你选择的是：")
            FNAME = files[choice-1]
            print(FNAME)

        state = 2

    elif state == 7:
        while state == 7:

            events = mc.events.pollBlockHits()

            for e in events:
                baseX = e.pos.x
                baseY = e.pos.y+1
                baseZ = e.pos.z

                f = open(FNAME,"r")
                offsetY = 0
                offsetX = 0
                for line in f.readlines():
                    data = line.split(",")
                    for cell in data:
                        if cell != "\n":
                            color = int(cell)
                            if color > 16:
                                mc.setBlock(baseX+offsetX,
                                        baseY+offsetY,baseZ,block.AIR.id)
                            else:
                                mc.setBlock(baseX+offsetX,
```

```
                                          baseY+offsetY,baseZ,block.WOOL.
id,color)

                              offsetX = offsetX + 1

                          offsetY = offsetY + 1
                          offsetX = 0

                      print("复印完成")
                      print(" ")
                      state = 0
```

硬件控制

本章是本书的最后一章，我们会介绍一下在 Python 中如何控制 Raspberry Pi 的硬件接口，以及通过串口与外部其他设备通信。掌握这部分内容后，你能够极大地扩展 Python 的应用场景。

9.1 Raspberry Pi 的硬件接口

在 Raspberry Pi 的一边有两列排针，这些排针叫作 GPIO（General Purpose Input/Output，通用输入 / 输出）接口，Raspberry Pi 通过这些接口能够直接连接外部电子元器件。

9.1.1 连接 GPIO

Raspberry Pi 3B 上总共有 40 个引脚，而较老的 Raspberry Pi 的 GPIO 接口上只有 26 个引脚。为了保持兼容性，在后续的 Raspberry Pi 上前 26 个引脚与老的 Raspberry Pi 上的是相同的。

图 9.1 展示了所有 40 个引脚的功能定义。

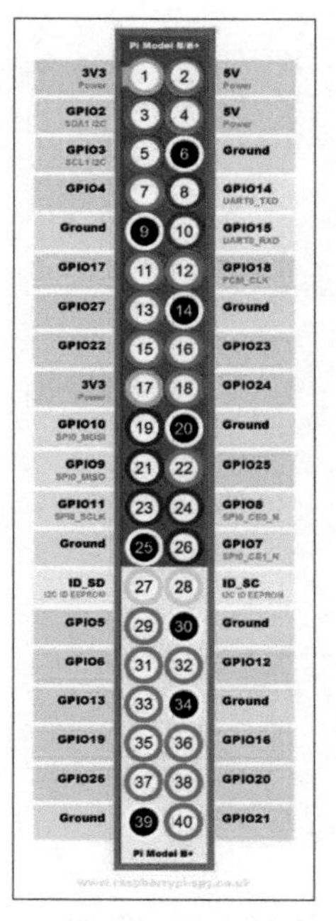

■ 图 9.1 Raspberry Pi GPIO 引脚定义

这些引脚当中以 GPIO 开头的都可以用作通用输入 / 输出引脚。换句话说，它们中的任意一个都能设置为输入或输出。如果引脚设置为输入状态，你就能检测引脚输入是 1（电压高于 1.7V）还是 0（电压低于 1.7V）。注意，所有的 GPIO 引脚都是 3.3V 的，如果输入的电压太高，可能会损坏你的 Raspberry Pi。

当设置为输出状态时，引脚可以输出 0V 或 3.3V（逻辑 0 或 1）。引脚只能提供很小的电流（3mA 以下是安全的），所以如果你串联了一个电阻（470Ω 或更高），它们只能点亮 LED。

另外，标记为 GND（地）的引脚全部连接到 Raspberry Pi 的地。而标识 3V3 或 5V 的引脚则能提供 3.3V 或 5V 的电压。当在 Raspberry Pi 上外接电子元器件时，我们经常要使用这些电源引脚。

大家可能注意到了有些 GPIO 引脚的名字下面还有别的字母，这些引脚不但可以被用作 GPIO，还具有其他特殊的功能。这些引脚的使用方法本书就不讨论了，我们只说一下简单的数字输出和模拟输出。

9.1.2 数字输出

使用 GPIO 接口的第一个例子一定是外接一个 LED，然后我们用 Python 程序来控制 LED 的亮灭。按图 9.2 所示连接电路。

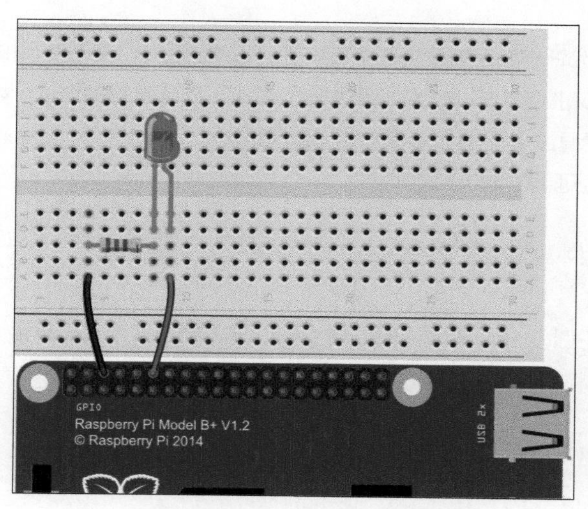

■ 图 9.2 Raspberry Pi 的电路连接

具体步骤如下。

第一步：在面包板上插上一个 220Ω 的电阻。

面包板上排列着横竖的小孔，横向的标着数字 1~30，纵向的标着字母 a~j（分成了两块）。每一块中的一排纵向小孔（a~e 或 f~j）是连在一起的，在塑料外壳下是一条金属夹。

所以将两个元器件的引脚放在同一排纵向的小孔中就能将其连在一起。

将电阻的引脚分别插入 c 行 4 列和 c 行 8 列，如图 9.2 所示。电阻是无所谓正反的。

第二步：在面包板上插上一个 LED。

LED 有一长一短两个引脚。长引脚是正极，插在 d 行 9 列；短引脚是负极，插在 d 行 8 列，连接到电阻的一端。

第三步：将面包板连接到 GPIO 引脚。

你需要两条公母头面包线，公头一端插在面包板上，而母头一端插在 GPIO 引脚上。最好选择不同的颜色，我使用的是黑色的和蓝色的。蓝色的面包线从 a 行 9 列连到 GPIO 接口的 GPIO18，这个引脚是右侧的第 6 个引脚。

黑色的面包线需要从面包板的 a 行 4 列连到 GPIO 接口的 GND 上，我连接的 GND 是 GPIO 接口上右侧的第 3 个引脚。

现在 LED 已经连接好了，你可以尝试通过 Python 编程来控制它的亮灭。当你测试时，可以直接在 IDLE 中输入命令。

要控制 GPIO 引脚，你需要导入一个叫作 RPi.GPIO 的库。这个库包含在 Raspbian 中，所以你不需要安装它，只需要输入以下命令即可。

```
>>>import RPi.GPIO as GPIO
>>>
```

RPi.GPIO 库允许你指定要使用的引脚，你可以通过图 9.1 所示的引脚名字来指定，也可以通过物理地址来指定。多数人会使用引脚的名字，而不是物理地址。如果我们需要使用引脚的名字，需要通过下面的命令来告诉 RPi.GPIO。BCM 是 Broadcom 的缩写，这是 Raspberry Pi 的处理器的制造商的名字。

```
>>>GPIO.setmode(GPIO.BCM)
>>>
```

LED 连接到 GPIO 18，不过此时 RPi.GPIO 库不知道这个引脚是输入状态还是输出状态。下面的命令会将引脚设为输出状态。

```
>>>GPIO.setup(18, GPIO.OUT)
>>>
```

最后就是控制 LED 的亮灭了，下面的命令用于点亮 LED。

```
>>>GPIO.output(18, True)
>>>
```

当你输入命令并回车后，LED 就会点亮。要熄灭 LED，需要输入以下命令。

```
>>>GPIO.output(18, False)
>>>
```

反复多试几次，你会感觉这非常有意思。其实这是非常重要的一个节点，虽然你只是控制了一个小小的LED，但如果控制的是一个继电器，就能控制家中的灯了，再加上Python，就能实现自动化控制甚至物联网功能。软/硬件之间最重要的一环已经打通了。

9.1.3 模拟输出

先不要拆面包板上的LED和电阻，因为除了控制LED的亮灭，你还能调整LED的亮度。

PWM

RPi.GPIO库使用的产生模拟输出的方法叫作脉冲宽度调制（Pulse Width Modulation，PWM）。GPIO引脚实际上只能实现数字输出，不过倒是可以产生一系列的脉冲，而脉冲的宽度是可调的。保持高电平的时间越长，输出的功率也就越大，LED也就越明亮。

脉冲中高电平的时间在总时间中所占的比例被称为占空比，常用百分比表示。虽然LED实际上是不断地亮和灭，不过这个变化太快了，以至于你的眼睛会误以为LED变亮或变暗了，而亮度的变化取决于PWM的脉宽。

保持图9.2中LED连到引脚18的状态，在IDLE中新建一个文件，输入以下内容。

```
import RPi.GPIO as GPIO
led_pin = 18
GPIO.setmode(GPIO.BCM)
GPIO.setup(led_pin, GPIO.OUT)
pwm_led = GPIO.PWM(led_pin, 500)
pwm_led.start(100)
try:
    while True:
      duty_s = input("Enter Brightness (0 to 100):")
      duty = int(duty_s)
      pwm_led.ChangeDutyCycle(duty)
finally:
    print("Cleaning up")
    GPIO.cleanup()
```

保存并运行程序后，就会出现提示你输入亮度的信息，亮度范围为0~100，当我们输入亮度值后，就会改变LED的亮度，IDLE中显示的内容如下。

```
Enter Brightness (0 to 100):0
Enter Brightness (0 to 100):50
Enter Brightness (0 to 100):100
```

多尝试几个值，看看LED的亮度是如何变化的。

让 GPIO 进行 PWM 输出与让其简单地进行开 / 关量输出略有不同。在正常地设置引脚为输出状态后，你需要通过以下代码创建一个 PWM 通道。

```
pwm_led = GPIO.PWM(led_pin, 500)
```

第二个参数（500）指定了每秒脉冲的数量。通道建立以后，下面的代码设置 PWM 的起始占空比为 100%。

```
pwm_led.start(100)
```

主循环会提示你以字符串形式输入亮度值，字符串转换为数字后，会通过调用 ChangeDutyCycle 来设置 PWM 的占空比，达到改变 LED 亮度的目的。

这个程序使用了 try/finally 模块，所以当程序因为按下 Ctrl+C 导致异常退出时，会调用函数 GPIO.cleanup()。函数 cleanup 的功能是设置所有的 GPIO 引脚返回保险的输入状态，降低 Raspberry Pi 损坏的可能性，避免因为引脚输出造成短路。在 try 的内部是一个无限循环，除非程序退出，否则这个循环会一直运行。

9.2 串口通信

相比于使用 Raspberry Pi 的 GPIO，通过串口与外部其他设备通信则显得通用性更强一些，这种方式不会局限于在 Raspberry Pi 的平台上使用，任何运行 Python 的平台都适用。而本书中我们选用的外部设备是 Arduino。

9.2.1 什么是 Arduino

Arduino 是源自意大利的一个开源硬件项目平台，该平台包括一块具备简单 I/O 功能的电路板以及一套计算机端的程序开发环境。Arduino 可以用来开发交互产品，比如可以读取大量的开关和传感器信号，并且可以控制各式各样的外围设备，如 LED、电机和其他物理设备；Arduino 也可以开发出与计算机相连的周边装置，能在运行时与计算机上的软件进行通信。

虽然 Raspberry Pi 本身功能非常强大，也能够像微控制器一样驱动电机，但这并不是它的设计初衷，所以 GPIO 引脚无法提供太大的驱动电流，甚至很容易损坏。而 Arduino 控制板更加耐用，它就是为了控制电子设备而设计的，而且它还有模拟输入引脚，这样我们就能直接测量输入的电压了，比如使用温度传感器测温。

Arduino 设计时是允许其通过 USB 接口与主机通信的，而 Raspberry Pi 完全可以当作一个主机。这就意味着可以让 Arduino 控制所有的电子零部件，而 Raspberry Pi 只需要给 Arduino 发送命令或接收 Arduino 的反馈就好。

9.2.2 在 Raspberry Pi 上安装 Arduino

开发 Arduino 程序，你需要通过 USB 接口将 Arduino 控制板连接到计算机上，然后在 Arduino 开发环境中编写程序并烧写到 Arduino 控制板上。你可以在任何一台计算机上完成这个操作，同样也能够在 Raspberry Pi 上完成。

在 Raspberry Pi 上安装 Arduino 开发环境（IDE），可以在命令行终端中输入以下命令。

```
sudo apt-get install arduino
```

这个命令会安装 Java 及其他很多依赖的包，安装完成后，Arduino 开发环境的图标会出现在开始菜单的 Electronics（电子）和 program（编程）子菜单中。

9.2.3 Arduino 与 Python 通信

现在有很多学习 Arduino 的图书，所以关于 Arduino 开发环境的安装以及使用这里就不介绍了。因为就算你完全不会 Arduino，按照下面的操作也能够完成这个 Raspberry Pi 与 Arduino 通信的例子（安装开发环境还是需要先完成的）。

这里例子非常简单，功能是通过 Python 发送消息，让 Arduino 控制板载的 LED 闪烁。Arduino 的例程序如图 9.3 所示。

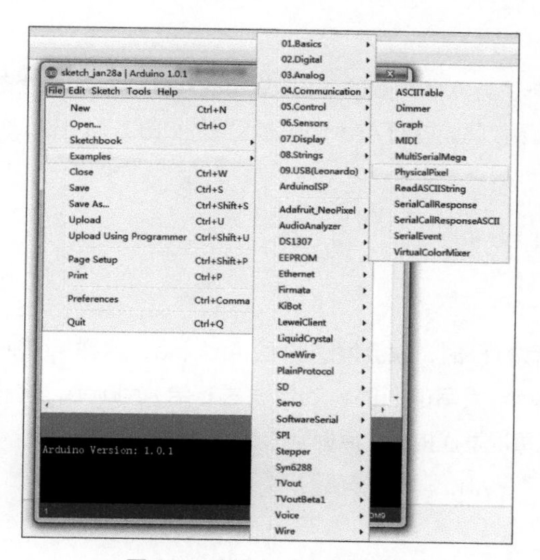

■ 图 9.3 选择 Arduino 的例程序

我们选择的例子是一个比较经典的 Arduino 例程序，打开 Arduino 开发环境后，在“Examples”菜单中的“04.Communication”子菜单下，可以找到这个名为“PhysicalPixel”的程序。它的功能是通过发过来的数据来控制板载 LED 的亮灭，当收到大写的 H 时，点亮 LED；当收到大写的 L 时，熄灭 LED。具体的代码这里就不列出来了。

打开例程序后，在开发环境中的工具菜单中选择正确的端口号，然后将程序烧写到 Arduino 中。之后将 Arduino 通过 USB 连到 Raspberry Pi 上。因为 Arduino 只需要 50mA 的电流，所以在没有外接设备的情况下，可以直接用 Pi 来供电。

接下来我们来说说 Python 的部分。这个操作起来比较简单，我们就直接在 IDLE 中完成了，在 Python 中使用串口，需要导入相应的库。

```
>>> import serial
>>>
```

说明：如果导入 serial 库失败的话，那么需要先安装这个库，可以在命令行终端中输入以下命令：

```
sudo apt-get install python-serial
```

然后需要设定一个串口对象，默认情况下 Arduino 所对应的串口设备名是 /dev/ttyACM0，因此设定串口对象的操作如下。

```
>>> ser = serial.Serial('/dev/ttyACM0',9600)
>>>
```

这样，我们就打开了与 Arduino 的 USB 串口的连接，同时设置波特率为 9600。接下来通过对象的 write() 函数就能控制 Arduino 上板载的 LED 了。操作如下。

```
>>> ser.write('H')
1
>>> ser.write('L')
1
```

当我们 write 大写的 H 时，就会发送 H 给 Arduino，这样 Arduino 上板载的 LED 就会点亮；而当我们 write 大写的 L 时，就会发送 L 给 Arduino，这样 Arduino 上板载的 LED 就会熄灭。这里每次发送指令之后返回的数值 1 表示操作成功。

这样我们就完成了 Python 串口通信的入门。

9.3 比特开关

在了解了如何通过 Python 给 Arduino 发送数据之后，本节我们来完成一个游戏与现实互动的功能。

9.3.1 功能描述

我们会在《Minecraft》中创建一个封闭的屋子，大小是 5×5×5，内部空间是 3×3×3，有一扇门。由于这是一个封闭的屋子，所以里面很黑，不过当我们关上门时，会自动地在屋顶出现一块萤石来照明，同时外接 Arduino 上的 LED 也会点亮。而我们打开门时，不但 Arduino 上的 LED 会熄灭，同时屋里的萤石也会消失。这扇门就像一个开关，它控制着物理世界中 LED 的亮灭，同时也决定了比特世界中的萤石是否存在，而这个开关只存在于游戏中，所以我称这个项目为“比特开关”。

9.3.2 准备工作

功能明确之后，下面我们就来完成对应的 Python 代码。不过在开始编写代码之前，我们需要先确定几个数据。

（1）屋子的位置。

（2）门的位置。

（3）萤石的位置。

这个项目中的屋子可以手动建，也可以用程序建，如果手工建，那么上面的第一个数据就不需要了。这里我们就假设大家已经建好了。

为了能够得到第二项和第三项两个数据，我们需要手动地将门和萤石都先放好，然后在 Python 的 IDLE 中新建一个文件，将以下内容输入新建的文件中。

```
import mcpi.minecraft as minecraft

mc = minecraft.Minecraft.create()

while True:
    events = mc.events.pollBlockHits()
    for e in events:
        print(e.pos)
```

这段程序的功能是获取击打事件对应方块的坐标。保存并运行程序后，我们用铁剑击打游戏中对应的萤石和门，则对应的坐标就会显示在 IDLE 中，如下。

```
Vec3(40,9,64)
Vec3(42,7,64)
Vec3(42,8,64)
```

这里，第一个坐标是屋顶中间的萤石的，后两个坐标都是门的，因为门要占两个方块的空间，所以这两个 y 坐标相差 1。现在需要的数据也都知道了，下面就真正地开始这个“比特开关”项目的代码编写吧。

9.3.3 功能实现

如果你已经完成了之前的几个项目，那这部分内容做起来应该就非常轻松了。我们依然还是先来写一段伪代码。

```
门的状态标识为 0，表示关闭

while True:

    获取击打事件

    for e in events:
        if 击打事件对应的是门：
            if 门的状态是关闭的
                让萤石消失，即将对应位置设为空气
                发送数据让 Arduino 上的 LED 熄灭
                将门的状态标识设置为 1，表示打开
            else:
                让萤石出现
                发送数据让 Arduino 上的 LED 点亮
                将门的状态标识设置为 0，表示关闭
```

对照伪代码完成相应的 Python 程序，再加上前面的导入及初始化部分，则最终的代码如下。这里要注意，我们要在 while 循环之外创建一个表示门的状态的变量。

```
import mcpi.minecraft as minecraft
import mcpi.block as block
import serial

mc = minecraft.Minecraft.create()
ser = serial.Serial('/dev/ttyACM0',9600)
doorState = 0

while True:
    events = mc.events.pollBlockHits()

    for e in events:
        if e.pos.x == 42 and e.pos.z == 64 and e.pos.y >6 and e.pos.y <9:
            if doorState == 0:
                ser.write('L')
                mc.setBlock(40,9,64,block.AIR.id)
                doorState =1
            else:
                ser.write('H')
                mc.setBlock(40,9,64,block.GLOWSTONE_BLOCK.id)
                doorState =0
```

保存并运行程序，此时我们就能够通过游戏中的“比特开关”控制物理世界中一个 LED 的亮和灭了。大家如果愿意，还可以同时在 IDLE 中输出一些提示信息。

本书的内容就这么多了，Python 是一个简单易用且功能强大的语言，其应用领域非常广泛，本书以《Minecraft》为载体，希望能够带领大家进入 Python 的神奇世界。

附录 方块材质名称对照表

Raspberry Pi 上《Minecraft》中的方块材质名称对照表如下。

序号	材质	名称	编号
1	空气	AIR	0
2	石头	STONE	1
3	草块	GRASS	2
4	泥土	DIRT	3
5	圆石	COBBLESTONE	4
6	木板	WOOD_PLANKS	5
7	树苗	SAPLING	6
8	基岩	BEDROCK	7
9	水	WATER	8
10	流动的水	WATER_FLOWING	8
11	静止的水	WATER_STATIONARY	9
12	岩浆	LAVA	10
13	流动的岩浆	LAVA_FLOWING	10
14	静止的岩浆	LAVA_STATIONARY	11
15	沙子	SAND	12
16	沙砾	GRAVEL	13
17	金矿	GOLD_ORE	14
18	铁矿	IRON_ORE	15
19	煤矿	COAL_ORE	16
20	木头	WOOD	17
21	树叶	LEAVES	18
22	玻璃	GLASS	20
23	青金石矿	LAPIS_LAZULI_ORE	21
24	青金石	LAPIS_LAZULI_BLOCK	22

续表

序号	材质	名称	编号
25	沙石	SANDSTONE	24
26	床	BED	26
27	蜘蛛网	COBWEB	30
28	草丛	GRASS_TALL	31
29	羊毛	WOOL	35
30	蒲公英	FLOWER_YELLOW	37
31	红花	FLOWER_CYAN	38
32	棕色蘑菇	MUSHROOM_BROWN	39
33	红色蘑菇	MUSHROOM_RED	40
34	金块	GOLD_BLOCK	41
35	铁块	IRON_BLOCK	42
36	双石台阶	STONE_SLAB_DOUBLE	43
37	石台阶	STONE_SLAB	44
38	砖块	BRICK_BLOCK	45
39	TNT	TNT	46
40	书架	BOOKSHELF	47
41	苔石	MOSS_STONE	48
42	黑曜石	block.OBSIDIAN	49
43	火把	TORCH	50
44	火	FIRE	51
45	木楼梯	STAIRS_WOOD	53
46	箱子	CHEST	54
47	钻石矿	DIAMOND_ORE	56
48	钻石	DIAMOND_BLOCK	57
49	工作台	CRAFTING_TABLE	58
50	耕地	FARMLAND	60
51	熔炉	FURNACE_INACTIVE	61
52	燃烧的熔炉	FURNACE_ACTIVE	62
53	木门	DOOR_WOOD	64
54	梯子	LADDER	65
55	圆石楼梯	STAIRS_COBBLESTONE	67
56	铁门	DOOR_IRON	71
57	红石矿	REDSTONE_ORE	73
58	雪	SNOW	78
59	冰	ICE	79
60	雪块	SNOW_BLOCK	80
61	仙人掌	CACTUS	81

续表

序号	材质	名称	编号
62	黏土	CLAY	82
63	甘蔗	SUGAR_CANE	83
64	栅栏	FENCE	85
65	萤石	GLOWSTONE_BLOCK	89
66	石砖	STONE_BRICK	98
67	玻璃板	GLASS_PANE	102
68	西瓜	MELON	103
69	栅栏门	FENCE_GATE	107
70	灼热的黑曜石	GLOWING_OBSIDIAN	246
71	下界反应堆	NETHER_REACTOR_CORE	247